职业院校特色思政课系列丛书

生态文明教育

主　编　许永莉　刘仲全　徐　丹

副主编　司玉兰　文国琴　姜天丽

中国言实出版社

图书在版编目(CIP)数据

生态文明教育 / 许永莉，刘仲全，徐丹主编 . —
北京：中国言实出版社，2024.1
ISBN 978-7-5171-4753-4

Ⅰ.①生… Ⅱ.①许… ②刘… ③徐… Ⅲ.①生态
环境—环境教育 Ⅳ.① X321.2

中国国家版本馆 CIP 数据核字 (2024) 第 044539 号

生态文明教育

责任编辑：张国旗
责任校对：宫媛媛

出版发行：中国言实出版社
  地 址：北京市朝阳区北苑路180号加利大厦5号楼105室
  邮 编：100101
  编辑部：北京市海淀区花园路6号院B座6层
  邮 编：100088
  电 话：010-64924853（总编室） 010-64924716（发行部）
  网 址：www.zgyscbs.cn 电子邮箱：zgyscbs@263.net

经 销：新华书店
印 刷：廊坊市广阳区九洲印刷厂
版 次：2024年1月第1版 2024年1月第1次印刷
规 格：710毫米×1000毫米 1/16 10印张
字 数：132千字

定 价：38.00元
书 号：978-7-5171-4753-4

前言

　　《生态文明教育》由绪论、上下两大篇章及结语构成，系统梳理了中华民族从古至今与自然朝夕相处、相生共荣之道，以原始社会"天人合一"的纯朴生态思想作为逻辑起点，线条式地将中华民族生态文明思想的演变进行了归纳总结。教材的设计尝试架构起中华民族在绵延几千年的漫长历史中与自然界的相处之道，向学生展示一幅人与自然休戚与共的历史画卷，引导学生坚持历史唯物主义和辩证唯物主义观点，了解人与自然和谐共处一直是中国哲学和传统文化追求的崇高理想；深刻认识到人与自然和谐共生，事关中国式现代化的成色，事关中华民族永续发展。本书把党的十八大以来相关领域建设的理论和实践作为重点，力争讲好新时代的中国故事。主要面向高职高专层次的学生，旨在让学生积极践行环保理念，投身到建设美丽家园的实际行动之中。

　　为了丰富教材资源，在本书编写过程中，我们查阅了专著、期刊、报纸及权威网站的大量文献资料，吸收借鉴了许多专家、学者的研究成果，同时还征求了部分专家学者和一线教师的意见，在此一并表示衷心感谢。书中如有不足和疏漏之处，敬请专家和读者批评指正，以便我们进一步修改、完善和充实！

编　者

2023 年 7 月

目录

绪论：和谐共生——人类生态环境需要世界各国共同保护 ………………… 1

  一、人类与自然环境的关系 …………………………………………… 3

  二、生态环境 ………………………………………………………… 7

  三、生态破坏 ………………………………………………………… 9

  四、人类面临的生态困境 …………………………………………… 14

  五、人类保护生态环境的重要性 …………………………………… 26

上篇：追根溯源——中国生态环境理念的发展历程 …………………… 31

  一、原始社会——纯朴的生态观念 ………………………………… 32

  二、奴隶社会——生态观念的萌芽 ………………………………… 36

  三、封建社会——生态观念的发展 ………………………………… 39

  四、新民主主义革命时期——中国共产党领导生态文明建设的萌芽和
    探索 …………………………………………………………… 49

  五、新中国成立以来绿色发展的探索之路 ………………………… 52

下篇：绿色践行——新时代的绿色发展理念 ……………………………… 69

  一、绿色是发展应有之色 …………………………………………… 70

  二、新时代绿色发展核心理念的实践 ……………………………… 87

  三、绿色践行系列举措 ……………………………………………… 104

  四、美丽中国建设步伐坚实 ………………………………………… 132

  五、国际担当——共建地球生命共同体 …………………………… 134

结语 ………………………………………………………………………… 145

参考文献 …………………………………………………………………… 149

· 绪论 ·

和谐共生

人类生态环境需要世界各国共同保护

人类从哪里来？人类的起源是人们关心的永恒话题。现代生物进化论告诉我们，人类是从低等生物进化而来，是自然的产物。人类从诞生之日起，就与自然息息相关、休戚与共，构成了一个不可分割的生命共同体。

一、人类与自然环境的关系

自然界中除人类以外的其他客体都被称为自然环境。人类是自然环境的产物，人类的生存和发展一时一刻也离不开自然环境，同时人类也在不断地改造自然环境，以谋求自身的生存与发展。而自然环境的演化存在着不以人的意志为转移的客观规律，不能盲目地用人的主观意志改造环境。人类与自然环境的关系，是相互依存又相互影响、相互制约的、对立统一的辩证关系。人类的任何行为都会对自然环境产生影响；反之，自然环境的任何改变也直接影响到人类的生存与发展。人类与自然环境应是和谐共处的关系。

在认识人类与自然环境的关系上，世界上大部分国家和地区都盛行过"人类中心论"。"人类中心论"把人捧到自然系统中至高无上的位置，认为人是大自然的主人，可以支配一切，自然界只不过是一个消极的客体。甚至认为人类在自然面前可以为所欲为，而自然在人类面前只能逆来顺受。这种观点导致人类向大自

然任意索取，肆意排放污染物。人类在不断地遭到环境的报复，今天我们正在吞食着人类盲目行为带来的恶果。

日益恶化的生态环境，越来越受到各国的普遍关注。更多的人开始认识到，人类应当不断更新自己的观念，随时调整自己的行为，以实现人与环境的协调共处。保护环境也就是保护人类生存的基础和条件。1972年联合国召开的人类环境会议，提出了"只有一个地球"的口号，提醒人们保护自然环境。大会发表的《人类环境宣言》宣告："维护和改善人类环境已经成为人类一个紧迫的目标。""为了在自然界里取得自由，人类必须利用知识在与自然合作的情况下，建设一个良好的环境。"

生态环境一旦遭到破坏，需要几倍的时间乃至几代人的努力才能恢复，甚至永远不能复原。人类想要恢复和改善已经恶化的环境，必须长期不懈地努力，其任务是十分艰巨的。环境已经向人类亮出了"黄牌"，如再不清醒，就将会被罚出"场"外。到那时，尽管人类为子孙后代留下数以亿计的财富，但由于前人"愚蠢"的行为，毁掉了后代的生存条件，再多的物质财富也变得没有意义。

1987年初欧洲环境年活动发表了《关于欧洲环境状况的报告》，把生态变坏和环境污染称为"人类缓慢的死亡"。1988年初到1989年5月，联合国环境规划署对中国、印度、日本、阿根廷、西德等15个国家进行了环境意识的民意测验。每个国家有 400—1 200 名不同层次的人接受了调查。调查结果表明，许多国家的民众对环境问题都表现出深切的关注。他们认为，"当前没有什么比环境现状更令人触目惊心的了"。我国的被调查者对国内目前的环境状况的评价是 15 个国家中较差的，其中最为突出的环境问题是饮用水源的污染以及大量农田被侵蚀。在"较高的生活水平和较大的健康危险"与"较低的生活水平和较小的健康危险"之间，印度被调查者中 77% 的人选择后者，20% 的人选择前者。日本被调查者认为，必须提高对环境污染问题严重性的认识——它比温饱问题重要得多。如果整个世界不立即遏制环境恶化问题，土地将变成沙漠，海洋将会淹没陆地，人类将无法在地球上生存下去。1988 年 11 月 15 日，英国《每日电讯报》公布了一项盖洛普民意测验结果。公众认为，环境污染的威胁不亚于第三次世界大战，环境问题已成为世界各国的主要政治问题和社会问题。据 1992 年 11 月份《参考消息》载：全世界 1 525 位专家（其中 99 位诺贝尔奖获得者）呼吁全人类要救救地球，留给我们的时间不多了，不能回避这个问题。

1992 年联合国在里约召开的地球高峰会议是国际社会针对国际环境合作的第二个里程碑。

20 世纪末和 21 世纪初，全球环境政治研究不断扩大影响，迈入了成熟的发展阶段。虽然从 2002 年开始，全球环境治理因为恐怖主义造成国际社会的注意力转移、美国政府退出《京都议

定书》、发达国家与发展中国家之间的分歧加大等因素经过了一段徘徊分化时期，但是在全球层面，2002年8月在南非召开的可持续性发展世界首脑会议通过了《约翰内斯堡可持续性发展宣言》及实施计划；在区域合作层面，欧盟、北美等地区内部成员国之间的环境合作取得很大的进展，而且随着非政府组织、跨国企业等非国家行为体影响力的增加以及公民参与度的提高，多元行为体在全球环境治理中开始发挥重要的作用。

21世纪是全球竞争的世纪。为此，世界绝大多数国家都希望这个世纪的国际生态环境是安全的、可持续的。要实现人类可持续发展必须做到人与自然之间的和谐共处、国家与国家之间的和平共处。有竞争有合作，要在合作的基础上竞争，合作要有利于公平竞争。只有符合可持续发展要求的竞争，才是真正的文明竞争。联合国环境与发展大会确立了"共同但有区别的责任""发达国家应向发展中国家提供持续发展方面的财政和技术援助的义务"两项重要原则。

世界各国许多环境学家和伦理学家都发出了"我们自己不要灭自己的种"的警告。正如联合国环境规划署前执行主任托尔巴博士所说："冷战已经结束，环境问题一跃而成为世界问题的榜首。"

二、生态环境

（一）生态

生态指生物（原核生物、原生生物、动物、真菌、植物五大类）之间和生物与周围环境之间的相互联系、相互作用。

（二）生态环境

生态环境是指影响人类生存与发展的水资源、土地资源、生物资源以及气候资源数量与质量的总称，是关系到社会和经济持续发展的复合生态系统。

生态环境是"生态"和"环境"两个名词的组合。"生态"一词源于古希腊语，原是指一切生物的状态及不同生物个体之间、生物与环境之间的关系。德国生物学家 E.海克尔在 1869 年提出生态学的概念，海克尔认为它是研究动物与植物之间、动植物及环境之间相互影响的一门学科。但是在提及生态术语时所涉及的范畴越来越广，特别在国内常用"生态"表征一种理想状态，由此出现了生态城市、生态乡村、生态食品、生态旅游等提法。

《中华人民共和国环境保护法》则从法学角度对环境下了定义："本法所称环境，是指影响人类生存和发展的各种天然的和经过人工改造的自然因素的总体，包括大气、水、海洋、土地、矿藏、森林、草原、湿地、野生生物、自然遗迹、人文遗迹、自

然保护区、风景名胜区、城市和乡村等。"

"生态""环境"最早组合成为一个词要追溯到1982年五届全国人大第五次会议。会议在讨论中华人民共和国第四部宪法（草案）时使用了当时比较流行的"保护生态平衡"的提法，最后形成了《中华人民共和国宪法》第二十六条："国家保护和改善生活环境和生态环境，防治污染和其他公害。"政府工作报告也采用了相似的表述。由于在宪法和政府工作报告中使用了这一提法，"生态环境"一词一直沿用至今。

（三）生态地理环境

生态地理环境是由生物群落及其相关的无机环境共同组成的功能系统。在特定的生态系统演变过程中，当其发展到一定稳定阶段时，各种对立因素通过食物链的相互制约作用，使其物质循环和能量交换达到一个相对稳定的平衡状态，从而保持了生态环境的稳定和平衡。如果环境负载超过了生态系统所能承受的极限，就可能导致生态系统的弱化或衰竭。人是生态系统中最积极、最活跃的因素，在人类社会的各个发展阶段，人类活动都会对生态环境产生影响。特别是近半个世纪以来，由于人口的迅猛增长和科学技术的飞速发展，人类既有空前强大的建设和创造能力，也有巨大的破坏和毁灭力量。一方面，人类活动增大了向自然索取资源的速度和规模，加剧了自然生态失衡，带来了一系列灾害；另一方面，人类本身也因自然规律的反馈作用，而遭到

"报复"。因此，环境问题已成为举世关注的热点。有民意测验表明，无论是在发达国家，还是在发展中国家，生态环境问题都已成为制约经济和社会发展的重大问题。

（四）生态环境问题

生态环境问题是指人类为自身生存和发展，在利用和改造自然的过程中，对自然环境进行破坏和污染，从而产生的危害人类生存的各种负反馈效应。

三、生态破坏

（一）生态破坏

生态破坏是人类社会活动引起的生态退化及由此衍生的环境效应，导致了环境结构和功能的变化，对人类生存发展以及环境本身发展产生不利影响的现象。生态环境破坏主要表现为：水土流失、沙漠化、荒漠化、森林锐减、土地退化、生物多样性减少、水体富营养化、地下水漏斗、地面下沉等。

（二）生态破坏原因

1.乱捕滥猎

在经济利益的驱动下，很多地区不顾生态的良性循环和承载

能力，盲目甚至是粗暴地进行捕猎，过度捕杀野生动物。不合理的开发利用方式和强度，对许多动物造成了不可逆转的影响。

据国际捕鲸协会报道，全世界每年大约有2.6万头鲸被杀（平均每小时3头），其中日本和俄罗斯的捕鲸数占总捕鲸数的95%。例如蓝鲸，是当今世界上最大的哺乳动物，它在半个世纪前还有30万头之多，而今天只剩下了大约2 000头。

有数据显示，全世界平均每天约有75个物种灭绝，每小时约有3个物种灭绝。人们进行毁林开荒、开采矿产、筑堤修坝、大兴土木等改造自然的活动对生态环境带来很大影响，导致山水林田湖草沙改变原有结构方式，动植物生存环境遭到不同程度的破坏，严重的会致使它们流离失所，从而导致物种濒危乃至灭绝。中国科学院动物研究所首席研究员、中国濒危物种科学委员会原常务副主任蒋志刚博士认为，从自然保护生物学的角度来说，自工业革命开始，地球就已经进入了第六次物种大灭绝时期。美国杜克大学著名生物学家斯图亚特·皮姆认为，如果物种以这样的速度减少下去，到2050年，目前的1/4到一半的物种将会灭绝或濒临灭绝。

2.乱砍滥伐

在整个自然界的物质循环和能量转换过程中，森林起着重要的枢纽和核心作用，它的分布最广、组成最复杂、结构最完整，生物生产力也最高。森林和环境经过长时期的相互作用和适应，不但推动了自身的生长、繁衍，同时也对周围环境产生深刻的影响。森林有着涵养水源、保持水土、防风固沙、增加湿度、净化空气、减弱噪声等作用，与人类的生存发展、自然界生态系统的稳态息息相关。

但是，人类在自然资源"取之不尽，用之不竭"思想的指引下，对森林进行收割式的采伐。据估计，农业文明出现以前地球上森林面积有 76 亿公顷，森林覆盖率为 60%。世界上共有林地 38.26 亿公顷，占陆地总面积的 28.5%。开发较晚的大陆如北美洲，当第一批殖民者到达时，美国的大西洋沿岸至密西西比河之间约有 17 亿公顷森林，而今只剩下 0.1 亿公顷。

南美洲的亚马孙原始森林，是世界上最大的热带雨林，木材蓄积量占世界总量的 45%。然而，自 20 世纪 60 年代开始，这片森林就被大规模砍伐。到 90 年代初，这一地区的森林覆盖率比原来减少了 11%，相当于 70 万平方公里，平均每 5 秒钟就有差不多一个足球场大小的森林消失。

3.过度放牧

过度放牧是指草地放牧牲畜密度过大，超出生态系统调节能力的行为。草原生态系统中，草为草原上动物的存活提供了物质和能量基础，也为草原生态系统的生存与发展提供了前提条件。但人类只顾眼前的利益，只求畜牧业的发展，不管草场的承载力，致使草的利用速度大大超过了更新速度，草原生态系统渐渐

地衰弱、瓦解，变成了荒漠、沙地。

过度放牧导致土壤裸露于空气中，容易受到大风的侵蚀，同时地表也很容易形成径流，导致水土流失、营养流失，不利于植物的生长。干燥的裸露地表会更多地反射太阳热量，改变风场状况，带走潮湿空气，导致干燥更为严重。

草原植物种群盖度随着放牧强度的增加而迅速下降。种群盖度的下降导致了土壤裸露面积增大，促进了土壤表面水分的蒸发，土体内水分相对运动受到不利影响，破坏了土壤积盐与脱盐平衡，增加了盐分在土壤表面的积累，土壤盐碱化程度加重。

过度放牧导致草地群落结构中的种类组成变化很大，其中优良牧草比例减少，草丛高度降低。为了适应退化了的土壤、生物环境，植物种向旱生化和盐生化发展。

4.毁林毁草造田

人口的飞速增长，使粮食短缺成为日益显著的难题。因此，人类大规模地毁林毁草造田。然而，不合理地开荒、耕作，引起了大规模的水土流失、荒漠化、风沙肆虐。恩格斯说过："美索不达米亚、希腊、小亚细亚以及其他各地的居民，为了得到耕地，毁灭了森林，但是他们做梦也想不到，这些地方今天竟因此而成为不毛之地。"例如，我国的榆林地区在20世纪上半叶还有着葱郁的森林和肥嫩的草场，但是由于毁林开荒，破坏了生态系统的平衡，结果没过多长时间，就由沙漠生态系统代替了森林生态系统，沙漠淹没了榆林，榆林只得向南搬迁，这已经是榆林第三次南迁了。2013 年开始，榆林市分期进行生态治理和保护，截至目前，榆林生态区已经实现由黄变绿，构建了集生态、水资源、农业及绿色产业发展于一体的全域生态保护治理新格局。

5.不合理地引进物种

生物在漫长的进化过程中，通过选择、淘汰、竞争和适应，形成了与其周围环境及其他生物相互依赖、相互制约的生态系统。当一个生态系统中的物种侵入另一个生态系统之后，侵入者既有可能消亡，也有可能在没有天敌制约的环境里迅速繁殖，使被侵入的生态系统失去稳态而引发危机乃至解体。在自然状态下，由于有沙漠、高山、大海的阻挡，生物很难跨越长距离从一个地方迁移到另一个地方去。由于受到人类活动的影响，生物迁移比过去要容易得多，由此酿成的生物灾害在地球上也屡见不鲜。

澳大利亚野兔泛滥就是典型的例证。墨尔本动物园中，一场大火烧毁了兔笼，幸存的家兔逃逸进入田野。偏巧，澳洲温和干燥的气候和丰富的青草十分适合这些兔子生存，澳大利亚缺少高等食肉动物，家兔基本上没有天敌，于是这些"幸存者"便以惊人的速度繁殖起来。据统计，而今澳大利亚有野生兔子 40 亿只，它们与绵羊争饲料，严重地破坏了当地的草原生态，给畜牧业造成了重大损失。

在中国，生物入侵现象也不容乐观。截至 2020 年 8 月，生态环境部发布的《2019 中国生态环境状况公报》显示，全中国已发现 660 多种外来入侵物种，其中 71 种对自然生态系统已造成或具有潜在威胁并被列入《中国外来入侵物种名单》。67 个国家级自然保护区外来入侵物种调查结果表明，215 种外来入侵物种已入侵国家级自然保护区，其中 48 种外来入侵物种被列入《中国外来入侵物种名单》。

除了上述生物入侵的例子，国际上还有很多典型案例。这些活生生的例子都在告诫我们，人类千万不要盲目地破坏经过长期自然选择和相互作用后形成的生态系统的稳态，因为一个物种无论是灭绝还是过量繁殖，都会危及与它相关的几十个物种的生存，进而造成生态系统稳态的破坏。

四、人类面临的生态困境

随着资本主义制度的确立与工业革命的兴起，经济全球化推动工业文明发展范式普及，促进社会生产力水平飞跃式提升，人类的物质需求得到极大满足。然而，在以资本无限增殖与利润最大化为核心的工业文明发展范式下，人类不合理的生产方式和消费模式相互交织影响，导致人与自然之间的冲突不断加剧，逐渐演变为席卷全球的生态危机。生态环境不断恶化，气候变化、环境污染与生物多样性丧失是当前人类面临的主要环境问题。

（一）全球气候变暖

人们使用化石燃料，如石油、煤炭等，或砍伐森林并将其焚烧时会致使二氧化碳等温室气体大量增加，这些温室气体对来自太阳辐射的可见光具有高度透过性，而对地球反射的长波辐射具有高度吸收性，能强烈吸收地面辐射中的红外线，导致地球温度上升，造成温室效应。由于温室效应不断积累，导致地气系统吸收与发射的能量不平衡，能量不断在地气系统累积，从而导致温度上升，造成全球气候变暖。全球气候变暖会使全球降水量重新分配、冰川和冻土消融、海平面上升等，不仅危害自然生态系统的平衡，还威胁人类的生存。由于陆地温室气体排放造成大陆气温升高，与海洋温差变小，进而造成了空气流动减慢，雾霾无法短时间被吹散，造成很多城市雾霾天气增多，影响人类健康。汽车限行、暂停生产等措施只有短期和局部效果，并不能从根本上改变气候变暖和雾霾污染。

（二）极端天气频发

极端天气气候事件是指一定地区在一定时间内出现的历史上罕见的气象事件，天气、气候的状态严重偏离其平均态，在统计意义上属于不易发生的事件。其发生概率通常小于5%或10%，几十年一遇甚至百年一遇的小概率事件。极端天气气候事件总体

可以分为极端高温、极端低温、极端干旱、极端降水等几类，一般特点是发生概率小、社会影响大。

随着全球气候变暖，极端天气气候事件的出现频率发生变化，呈现出增多增强的趋势。2007 年联合国政府间气候变化专门委员会（IPCC）公布的评估报告表明过去 50 年中，极端天气事件特别是强降雨、高温热浪等极端事件不断呈现增多增强的趋势，预计今后此类极端事件的出现将更加频繁。世界气象组织对极端事件发表声明，全球各地的极端事件不仅明显增多，而且分布范围很广，包括东南亚地区的强降雨、6 月份海湾地区发生的前所未有的强热带风暴和中国南部地区发生的强降雨及洪水、5 至 7 月在英国发生的洪水、东南欧和俄罗斯的热浪、南非和南美一些地区非同寻常的降雪等。将全球变暖限制在 1.5℃是《巴黎协定》最重要的目标，根据联合国政府间气候变化专门委员会（IPCC）2022 年 8 月 4 日发布的最新报告《气候变化 2022：减缓气候变化》，为了实现该目标，除非全球温室气体排放量在 2025 年前达到峰值，并在 2030 年之前减少 43%，否则世界可能会遭受更多极端气候影响。

聚焦极端天气

——2022 年重庆 18 日最高气温 45℃创有气象记录以来新高

2022 年 8 月 18 日 16 时，重庆北碚国家气象站气温升至

45℃，连续两天打破当地有气象记录以来最高气温纪录。当天，重庆市气象台继续发布高温红色预警，这是今年入夏以来重庆第八个红色高温预警。

统计数据显示，今年7月以来，重庆市35℃以上的高温天气达到了33.2天，全市平均气温较常年偏高2.6℃，平均降水量较常年偏少近六成。截至18日16时，重庆已有30多个区县的最高温超过40℃。其中，北碚国家气象站最高气温达45℃，刷新了该站自1935年建站以来的高温纪录，同时成为重庆市有气象记录以来的最高温。

重庆为啥这么热？重庆市气象局副局长杨智解释，7月份以来西太平洋副热带高压异常强盛，西风带低槽及冷空气活动位置处于偏北地区，整个长江流域盛行下沉气流，导致了包括重庆在内的长江流域多个省市晴热少雨。与此同时，重庆的大部分城镇分布在四川盆地东部海拔较低的河谷地形中，不利于地表热量扩散，持续的热量累积导致罕见持续高温天气。

气象预报显示，未来一周重庆晴热天气仍将持续，此后高温将有所减弱并逐步缓解。当地应急管理部门提醒市民群众，高温酷热天气下要做好防暑降温措施，注意防范高温中暑及森林火灾。

（资料来源：柯高阳.聚焦极端天气——2022年重庆18日最高气温45℃创有气象记录以来新高，新华社，2022–08–18）

2020年国内外十大天气气候事件发布

2021年1月5日，中国气象局召开新闻发布会，发布了"2020

案例

年国内十大天气气候事件"和"2020年国外十大天气气候事件"。2020年全国总体气温偏高，降水偏多。全国平均气温10.4℃，较常年同期偏高0.7℃。全国平均降水量694.7毫米，较常年同期（629.2毫米）偏多10.4%，为1961年以来同期第三多，仅次于1998年（712.1毫米）和2016年（710.4毫米）。

　　2020年全年气候复杂多变，表现为汛期降水区域和时段集中，暴雨极端性强；台风生成和登陆个数偏少，台风影响时段和路径异常情况多；气象干旱阶段性、区域性特征明显；强对流天气早发多发；南方高温天数多、持续时间长。根据专家评议，2020年度中国十大天气气候事件为：长江中下游等地梅雨期及梅雨量均为历史之最、半个月内3个台风接连影响东北历史罕见、历史首次出现7月"空台"、2020年夏季我国降水多汛情重、初冬寒潮暴雪天气袭击东北致部分地区受灾、2020年强对流天气发生早频次高极端性强、2020年全国霾天气继续减少、华南高温少雨导致气象干旱持续发展、8月中旬四川盆地暴雨频繁致部分地区受灾、2020年我国气候条件利于植被长势继续向好。

　　同时，专家评议出了2020年度国外十大天气气候事件，分别是：厄尔尼诺与拉尼娜前赴后继，加剧气候异常不确定性；新冠疫情使全球碳排放减少，但气候变暖脚步未止；东非多国强降雨引发洪涝灾害；日本7月遭遇"暴力梅雨"；孟加拉湾特强气旋风暴"安攀"袭击印度、孟加拉两国；北大西洋编号热带气旋数量创新高；印度雷暴天气致伤亡惨重；高温多雨导致蝗灾蔓延非亚，影响多国粮食安全；美国西部极端高温造成山火多发，过火面积史无前例；北极出现 38℃极端高温，海冰范围历史第二小。

（资料来源：辛雨.2020 年国内外十大天气气候事件发布，中国科学报，2021-01-05）

（三）海平面上升

海平面上升是指由全球气候变暖、极地冰川融化、上层海水变热膨胀等原因引起的全球性海平面上升现象。海平面上升对沿海地区社会经济、自然环境及生态系统等有着重大影响。

2021 年 9 月 22 日欧盟哥白尼海洋环境监测中心发布的一份关于全球海洋的最新报告显示，过去两年记录的北极冰层范围已达到历史最低水平，自 1979 年至 2020 年以来，平均每 10 年下降近 13%，海冰减少的面积相当于 6 个德国的面积。这份发表在同行评审的《运行海洋学杂志》上的年度"哥白尼海洋环境监测中心第 5 期海洋状况报告"，借鉴来自 30 多个欧洲机构的 120 多名科学家的分析，提供了一份关于全球海洋和欧洲地区海洋的当前状况、自然变化和持续变化的全面、先进的科学报告。今年的关键审查点显示出气候变化带来的前所未有的影响。

报告显示，海洋正在发生前所未有的变化，这对人类福祉和海洋环境都有巨大影响。世界各地的表层和亚表层海水温度都在上升，海洋变暖和陆冰融化导致海平面继续以惊人的速度上升：地中海每年上升 2.5 毫米，全球每年上升 3.1 毫米。据估计，北冰洋变暖占全球海洋变暖总量的近 4%。巴伦支海（北冰洋的一

小部分）的平均海冰厚度减少了近90%，这导致从极地盆地进口的海冰减少。报告认为，在北海，寒潮和海洋热浪的极端变化与比目鱼、欧洲龙虾、海鲈鱼、红鲷鱼和可食用螃蟹的捕获量的变化有关。农业和工业等陆上活动造成的污染正在导致海洋富营养化，影响脆弱的生态系统。

报告还显示，在过去的十年中，地中海的海洋变暖和盐度增加加剧。在地中海，威尼斯连续发生了4次创纪录的洪水事件（2019年11月），地中海南部的海浪高度高于平均水平（2019年）。

从1993年到2019年，全球平均海温以每年0.015摄氏度的速度上升，从1955年到2019年，黑海的氧气水平（氧气库存）以每年0.16摩尔/平方米的速度下降。

（四）动植物灭绝程度加剧

著名医学期刊《柳叶刀》的一份研究报告显示，全球每年约有900万人死于环境污染，相当于全球死亡人数的1/6。联合国环境规划署的研究报告显示，当今世界上估计有800万种动植物，其中有100万种濒临灭绝。在过去50年里，野生脊椎动物的数量平均减少了68%，许多野生昆虫物种的数量减少了一半以上。

2022年10月，世界自然基金会发布《地球生命力报告2022》，结果令人震撼。报告中的"地球生命力指数"通过分析近 3.2 万个物种种群，发现 1970 年至 2018 年间，受监测的哺乳动物、鸟类、两栖动物、爬行动物和鱼类等野生动物种群数量平均下降了 69%。种群数量减少、生物多样性丧失将严重损害地球家园，加强保护刻不容缓。

1.桑给巴尔豹濒危

20 世纪中期，随着人类农业的发展、人口的剧增、环境的破坏，很大程度上造成了桑给巴尔豹今日的局面。人类侵占了桑给巴尔豹的栖息地，还捕杀了作为桑给巴尔豹食物来源的其他动物。与桑给巴尔豹之间不断升级的冲突以及由此带来的恐慌，使人类采取了一系列行动，来消灭桑给巴尔豹。这些行动最初仅在小范围内进行，但 1964 年桑给巴尔革命后便蔓延到全岛。温古贾岛著名的巫术揭露者 Kitanzi 领导了一场反巫术与灭豹相结合的行动。这一行动使后来当地居民把豹标签为"害兽"，将桑给巴尔豹推向灭绝的边缘。20 世纪 90 年代末，野生动物研究人员断定桑给巴尔豹的长期生存前景已十分渺茫，对其进行保护的工作也因此搁浅。直到 90 年代中期，桑给巴尔豹的困境才真正受到重视，当时一些机构已经将其列为濒临灭绝生物。

2.金蟾蜍灭绝

金蟾蜍于 1966 年由爬虫学者杰伊·萨维奇发现并正式命名。至 2006 年，金蟾蜍在《世界自然保护联盟濒危物种红色名录》中的保护状况为绝灭，一般认为，造成金蟾蜍绝灭的主要原因为全球变暖和环境污染。此外，过度紫外线的增加、菌类物质、寄生虫以及低pH值环境也是可能的原因。《世界自然保护联盟濒危物种红色名录》对此给出的解释为，可能是金蟾蜍的栖息地过于狭小、全球气候变暖、壶菌疾病感染和空气污染等多种原因的结果。目前，在世界范围内，生物物种正以前所未有的速度消失，而其中有一些物种已彻底灭绝。

3.渡渡鸟灭绝

渡渡鸟，又称毛里求斯多多鸟、愚鸠、孤鸽，是仅产于印度洋毛里求斯岛上的一种不会飞的鸟，它们把卵产在地上。16世纪，有人带了猫、狗、猪等动物来到岛上生活，结果这些动物在岛上大量繁殖，并且吞食了渡渡鸟的卵。到了1681年，渡渡鸟便在地球上消失了。这种鸟在被人类发现仅仅200年后，便因为人类的捕杀和人类活动的影响而彻底绝灭，堪称是除恐龙之外最著名的已灭绝动物之一。

4.彩鹮一度绝迹

彩鹮是鸟纲、鹳形目、鹮科、彩鹮属的鸟类。多栖息于湿地，有时也会到稻田中活动及觅食。主要以鱼、虾为食，是国家一级保护野生动物。

彩鹮是一种较为大型的鸟类，体长48—66厘米，翼展80—

95 厘米，体重 485—580 克。彩鹮喜欢群居，经常与其他一些鹮类、鹭类聚集在一起活动。飞行迁徙时呈密集的小群或呈拖长的"V"字队形飞翔。

和鹳形目其他鸟类较为单一的体色相比，彩鹮以丰富的色彩而受到人们关注。其身体大部分羽毛呈现为青铜栗色，其中头顶、头侧、颏、前喉等均具紫绿色光泽；颈、上背、肩和最内侧翼上覆羽色则较深；下背、腰、尾上覆羽具紫绿色光泽；腋羽和尾下覆羽深紫色，体下余部羽毛栗色。

如此漂亮的大鸟，却有着一段悲伤的历史。彩鹮在我国虽然地域分布很广，但是数量却极其稀少。1934 年，中国动物学家黄寿振先生以杭州西湖博物馆采集的鸟类标本为基础，整理发表的《浙江鸟类之调查》，提及有只彩鹮标本采自宁波。杭州西湖博物馆后来被日军飞机轰炸，这只彩鹮标本因此消失在战火中。此后很长时间，中国再也没有彩鹮的任何记录。

按照国际学界标准，一个物种在野外 50 年内没有被观察到，就被视为野外灭绝，一些生物学家依此提出彩鹮这个物种在中国境内已经绝迹。然而任谁都没有想到，2009 年，一位四川的鸟类摄影爱好者在成都荷塘月色湿地公园，居然拍到了两只从未见过的黑色大鸟，他将所拍的照片上传到中国鸟类图库网站，经过确认这两只黑色大鸟就是消失已久的彩鹮，这也是时隔 70 多年，我国首次发现彩鹮的行踪。

自此以后，彩鹮越来越多地出现在了人们的视野里，河北、新疆、浙江、贵州、云南都发现了彩鹮的踪迹。其中，2013 年 1 月 28 日，云南昆明观鸟爱好者韦铭在红河哈尼族彝族自治州蒙自长桥海观察到一群彩鹮，这群彩鹮共计 18 只；2020 年 3 月玉溪星云湖国家湿地公园又监测到了 21 只彩鹮，均是国内目前发现的较大种群。

当"消失"的彩鹮再次出现在人们视野中，不得不说是一个奇迹。然而不幸的是，自然界有太多物种却是真正地消失了。

5. 蓝鳍金枪鱼面临危机

蓝鳍金枪鱼是金枪鱼类中最大的鱼种，也是几种生活在不同水域的具有蓝色鱼鳍的金枪鱼类统称。它们分布于大西洋、太平洋、印度洋的温带及热带海域，是海洋食物链顶层物种，除了大白鲨之外，在海洋中罕有敌手。

然而蓝鳍金枪鱼并没有称霸海洋。这些大鱼的自然寿命约为 50 年，其自身生长繁殖却非常缓慢，半数以上的蓝鳍金枪鱼自出生 4 年以后才能成熟，成熟后才能繁育后代，其中大西洋和南方蓝鳍金枪鱼甚至需要 8—12 年才能成熟。而惨痛的现实是：因为人类的需求，97% 以上的蓝鳍金枪鱼在 3 岁前便被捕捞，之后被端上餐桌，成为人类追捧的美食。

如果草原没有狼，许多食草动物便失去了天敌，它们会大量繁殖啃食植被，海洋也是如此。一方面，蓝鳍金枪鱼凭借速度和体形优势，可以捕食小鱼还有甲壳类的动物，避免这些底层物种繁殖过快从而危及海洋生态平衡；另一方面，这种顶端物种的灭绝不仅会让一些鱼类无休止灾害性增长，还会进一步引起海洋酸化，进而可能形成海洋荒漠化。

6.禾花雀濒危

禾花雀的学名叫作黄胸鹀，胸前一小片鲜艳的黄色羽毛，它们虽然体形与麻雀相近，但更具辨识度。它们喜欢栖息于低山丘陵和开阔的平原地带。在非繁殖季的迁徙期间和冬季，喜欢热闹的它们也喜欢群聚，甚至可以形成3 500—7 000只的"大部队"。它们主要以小虫子和植物果实为食，性格警惕而胆小。

不过，这些体形小巧的家伙却是农田小卫士。据观察统计，1只禾花雀1年觅食的害虫数量等于5个农民1年灭虫数量的总和。然而，曾经像麻雀一样遍布各地的它们，如今已经踪迹难寻。是什么原因导致这一巨大改变？一个字：吃。

因为"食野"陋习的影响，以及被强行套上的"天上人参"的噱头，使得禾花雀成为人类大量捕杀食用的对象。据报道，仅2001年就有逾百万只禾花雀成为餐桌上的佳肴。

短短十几年间，人类的大量捕食使禾花雀的种群数量下降了99%，在《世界自然保护联盟濒危物种红色物种名录》中，其濒危等级从无危到易危，再到濒危，现在变成了极危，以罕见的速度完成了夺命"四级跳"，引发人们关注。而这种情况如果继续

恶化下去，下一步等待它们的就是野外灭绝和最终的全面灭绝。

（五）地球已经进入了第六次物种大灭绝时期

有学者统计，1600—1800 年，地球上的鸟类和兽类物种灭绝了 25 种；1800—1950 年，地球上的鸟类和兽类物种灭绝高达 78 种。曾经生活在地球上的大海雀、旅鸽、斑驴、巴厘虎、袋狼、直隶猕猴、台湾云豹等物种已不复存在。

纵观人类文明发展史，在现代科技的加持下，生态系统被无限切割为工业化大生产所需的生产要素，人类对自然界的攫取和破坏速度已经远超过生态系统的自净能力，生态系统整体性遭到破坏，人与自然矛盾激化，新陈代谢断裂显现并加剧，致使生态危机不断深化。生态危机表象下的新陈代谢断裂的解决，要着力于经济、政治和社会制度等根源性变革，唯有如此才能寻求有效解决方案。

改革开放以来，尤其是党的十八大以来，面对全球性生态危机以及我国经济社会发展和生态环境保护的迫切需要，在生态环境方面我们不断地采取相应的策略，以期改变生态困境。

五、人类保护生态环境的重要性

人与自然和谐共生，是马克思主义的一个重要观点。马克思指出，"人是自然界的一部分"，"人靠自然界生活"，强调人类在同自然的互动中生产、生活、发展，不以伟大的自然规律为依据的人类计划，只会带来灾难。针对美索不达米亚、希腊、小亚细亚等地毁坏森林的现象，恩格斯深刻指出："我们不要过分陶醉于我们人类对自然界的胜利。对于每一次这样的胜利，自然界都对我们进行报复。"这些思想，深刻揭示了人与自然的辩证统一关系，人类善待自然就会获得自然的馈赠；反之，就会受到自然的惩罚。

通观人类文明进程，就是一部不断与自然作斗争的历史。原始社会人类认识和改造自然的能力极低，就只能被动地适应自然。进入农业文明时期，人类对自然的认识有所进步，改造能力有所提升，能够广泛利用自然，从自然中获取资源支撑自身发展。进入工业文明时期，人类在科技上获得进步，借助科技的力量，一度在"征服自然"的理念支配下，将人凌驾于自然之上，并认为可以无休止地改造自然，其结果是对生态环境造成了巨大破坏。人类自食破坏自然的恶果之后，逐渐认识到保护自然、保护生态环境的重要性。开始注重修复生态、保护环境，人与自然的关系进入相辅相成的新阶段。

几百年来，工业化进程创造了前所未有的物质财富，同时也带来了令人触目惊心的生态破坏，从而产生了难以弥补的生态创伤。气候变化、酸雨蔓延、大气污染、生物多样性锐减等问题时刻威胁着人类的生存环境，面对日益严峻的生态环境问题，人类与自然是一荣俱荣、一损俱损的命运共同体，杀鸡取卵、竭泽而渔的发展方式走到了尽头。地球是人类赖以生存的唯一家园。今天，生态环境问题是世界各国必须携手解决的重大问题，保护自然环境成为全人类的共识。世界各国只有风雨同舟、齐心协力，共同医治生态环境的累累伤痕，共同营造和谐宜居的生态环境，共同保护不可替代的地球家园，才能实现人与自然的和谐共生，让全球生态文明之路行稳致远。

建设生态文明乃千年大计，关系着中华民族永续发展。党的十八大以来，习近平总书记深刻回答了"为什么建设生态文明、建设什么样的生态文明、怎样建设生态文明"的重大问题，提出了一系列标志性、创新性、战略性的重大思想观点，形成了习近平生态文明思想。党的二十大报告强调尊重自然、顺应自然、保护自然，是全面建设社会主义现代化国家的内在要求。必须牢固树立和践行绿水青山就是金山银山的理念，站在人与自然和谐共生的高度谋划发展。

今天在中国式现代化的进程中，人们对美好生活的向往涵盖的范围越来越广，除了平时讲的衣食住行，我们还把目光投向了我们生活的环境，我们向往一个什么样的美好环境？蓝天碧水、绿草茵茵、气候宜人、绿树成荫、鲜花朵朵、姹紫嫣红、苍翠茂盛、山明水秀、鸟语花香、春光明媚、百花争艳……这些词语描绘出了我们对美好环境的需求，而不仅仅是向往。和谐的环境就是在什么样的季节就该呈现什么样的景象，这也是充分尊重自然规律，敬畏自然、顺从自然的美好局面。

1.生态环境的恶化表现在哪些方面？

2.举例说明人类行为与生态环境恶化之间的关系。

3.结合当前生态环境现状，谈谈你对保护生态环境的认识。

4.结合当前生态环境现状，你有哪些保护生态环境的建议？

思

考

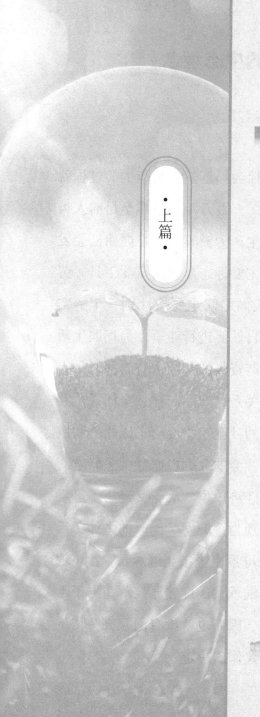

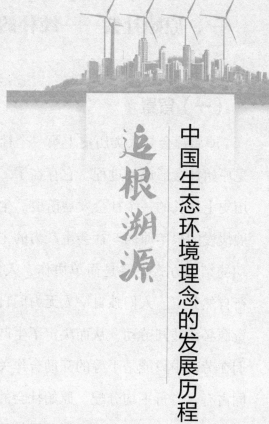

・上篇・

追根溯源

中国生态环境理念的发展历程

一、原始社会——纯朴的生态观念

（一）背景

原始社会是人类历史上第一个社会形态。人类产生的过程就是原始社会形成的过程。它存在了二三百万年，是截至目前人类历史上最长的一个社会发展阶段。生产力极其低下是原始社会发展缓慢的根本原因。社会生产力的主要标志是使用石器工具。劳动的结合方式主要是简单协作，人们之间主要按性别、年龄实行自然分工。人们独自一人无力同自然界进行斗争，为谋取生活资源必须共同劳动，从而决定了生产资料的共同占有。同时，人们在劳动中只能是平等的互助合作关系，产品归社会全体成员共同占有，实行平均分配。原始社会的社会组织经历了原始群和氏族公社两个发展阶段。氏族是原始社会的人们以血缘关系联结起来为特征的共同生产和生活的基本经济单位。氏族又经历了母系氏族和父系氏族两个阶段。前者表现为，妇女是氏族的主体，氏族成员的世系按母系计算，财产由母系血缘亲属继承；后者表现为，世系按父系计算，财产按父系继承，氏族领导权落在男子手中。原始社会没有剥削，没有阶级，因而也就没有国家，一切重大问题都由全体成员参加的氏族会议作出决定。

（二）原始社会的生态观

原始人利用所能观察与掌握到的自然知识和自然馈赠，来达到生存的目的。自然给予了原始人生存的基本条件；原始人利用自身不断进化得到知识来改造自然，满足自身的需求。原始人改造自然促进了自然环境的演变，使其更趋向适合人类繁衍的方向；自然对改变所产生的反应，如灾害等，来约束原始人任意及不符合自然规律的改造行为。自然与原始人共同发展，并互相约束，共同适应，并互相改变。

"天人合一"的生态观

"天人合一"，从生态环境的角度来看，所谓"天"是指人所处的环境，也就是"自然"，而"天人合一"就是将人与自然视为一个有着内在联系的有机整体，其根本含义就是顺应自然、尊重自然、保护自然，实现人与自然的和谐发展。可以说"天人合一"是人类最早、最纯朴的一种生态观，也为今天中国的生态文明观奠定了最朴素的基础，从而促使我们今天不断反思人类行为对自然界无情伤害所带来的一系列恶果。

（1）顺应自然

遵循自然的规律展开行动。春生、夏长、秋收、冬藏这不仅是植物界的规则，也是事物发展的潜在规则。这不是让人类听之任之，而是要求人类主动发现和利用规律。我们在对待自然的态

度方面应更加重视顺应性，这个顺应不是被动的服从，而是积极遵循、契合的意思。只有尊重自然及其成长规律，才有可能去遵循、契合它；也只有顺应自然，遵循、契合自然规律，才能有效地保护自然和生态环境。

（2）尊重自然

尊重自然就是要尊重自然的发展和运行规律，人要在尊重规律的前提下发挥主观能动性。禹总结了其父亲治水失败的教训，改革治水方法以疏导河川治水为主导，利用水向低处流的自然趋势，疏通了九河。治水期间，禹翻山越岭，蹚河过川，拿着测量仪器工具，从西向东，一路测度地形的高低，树立标杆，规划水道。他带领治水的民工，走遍各地，根据标杆，逢山开山，遇洼筑堤，以疏通水道，引洪水入海。禹为了治水，费尽脑筋，不怕劳苦，也不敢休息。他亲自率领老百姓风餐露宿，三过家门而不入，整天在泥水里疏通河道，把平地的积水导入江河，再引入海洋。经过 13 年治理，终于取得成功，消除了中原洪水泛滥的灾祸。因为治水功绩，他被后人称为"大禹"，即"伟大的禹"。

（3）崇拜自然

原始社会崇拜自然神（形成天体之神、万物之神、四季之神、气象之神等千姿百态、各种各样的自然神灵），也根据这些崇拜创造了许多神，并且认为他们在冥冥之中掌管天地万物和我们的一切。

古典先秦神话中，最初的神是盘古，也称为创世神。盘古开天辟地，是中国的创世神话。他生于混沌之中，用一把巨斧劈开了天地，创造了日月星辰，创造了山河万物。盘古是中国古代传说中开天辟地的神，是中国历史传说中开天辟地的祖先，他殚精竭虑，以自己的生命演化出生机勃勃的大千世界，为千秋万代的后人景仰。盘古是自然大道的化身，在开天辟地的传说中蕴含了极为丰富而深刻的文化、科学和哲学等内涵，是研究先民的精神世界和自然观的重要线索。

传说盘古开天辟地之后，天地孕育了女娲和伏羲，他们上身是人，下身是蛇，他们是兄妹，同时也是夫妻。女娲是母神，有着一切女性的特点，她充满着感性的思维和创造力，她创造了人，给予了地球上一切的生命以名字，对女娲的崇拜，最早应该是对生殖神的崇拜。而对生殖神的崇拜，应该是人类最原始的崇拜。所以女娲崇拜应该盛行在盘古之后，而在炎黄之前。

伏羲理性地创造了世界的规则和法律，便是河图洛书，传说他住在一个乌龟的背上，这是世间的第一部法典，这也是后来的太极的原型。传说伏羲是在炎帝之前的世界的统治者。在他统治时期，人类文明刚刚开始。

火在人类的诞生史上，有着里程碑式的作用。所以火神祝融在中国的神话体系中也占据着非常重要的作用。在女娲、炎帝、

黄帝等逐步转化成祖先神的时候，祝融依然保持着自然神的身份，在几千年的长河中接受着百姓广泛的崇拜和祭祀。此外，还有水神共工、雷公电母、河神、洛神等。

人们习惯性地把这些神归纳为自然神。他们诞生于原始社会的自然崇拜，而后来的以炎黄为代表的祖先神，则是一种祖先崇拜。自然神应该诞生于祖先神之前，他们和后来的"人神"也有很大的区别。

二、奴隶社会——生态观念的萌芽

（一）背景

从公元前 21 世纪夏朝建立开始，到公元前 476 年春秋时期结束，是中国的奴隶社会。奴隶占有制社会是一个巨大的进步。它打破了原始社会氏族部落关系的狭隘性，从而有利于社会生产规模的扩大，有利于体力劳动和脑力劳动分工的发展，为人类物质文明和精神文化的进一步发展创造了条件。在此次历史变革中，奴隶主无疑得到最大利益，可以摆脱繁重的体力劳动，从事脑力劳动或者不参加劳动。同时，奴隶也得到了利益，某些战俘奴隶避免了战败被杀的命运，生活水平要比原始社会总体上有所提高。

（二）奴隶社会生态观

我国古代就十分强调对自然的尊重，提出了许多关于人与自然和谐共生的朴素思想。例如，孔子用"钓而不纲，弋不射宿"的仁爱态度，表明了对自然的敬畏之心；老子强调要遵循自然规律，提出"人法地，地法天，天法道，道法自然"的观点；《吕氏春秋》有"竭泽而渔，岂不获得？而明年无鱼；焚薮而田，岂不获得？而明年无兽"的思考；等等。正是在这些思想的影响下，我国古代很早就建立了保护自然的国家管理制度，形成了很多行之有效的做法，从而保证了中华文明绵延不断、源远流长。

1.孔子"钓而不纲，弋不射宿"

《论语·述而》记载："子钓而不纲，弋不射宿。"纲：大绳，这里作动词用，指在水面上拉一根大绳，在大绳上系许多鱼钩来钓鱼，叫纲。弋：用带绳子的箭来射鸟。宿：指归巢歇宿的鸟儿。该句原意指孔子只用竹竿钓鱼，而不用有许多鱼钩的大绳捕鱼；只射飞着的鸟，而不射夜宿的鸟。其中蕴含哲理是：人们要对万物心存仁爱，不可乱捕滥杀，影响到生物的正常繁衍。儒家学说重视天人关系，主张万物和谐共存，这种思想就是所谓的"上天有好生之德"。孔子重视仁道，主张人类应该效仿上天，不仅对人类自己，即便是对鸟兽，也应该心怀仁德。

在我国的传统观念里，人们最看重的就是人与自然的和谐，

凡事都要讲求个度，如若过了这个度，那就是无道的表现。孔子此举，体现的是"取物以节"的思想，讲求的是节制欲求。一个人有欲望是没有错的，秉持正确的行事原则，通过合理的手段，来满足某些欲望是无可厚非的。但是，有些人欲壑难填，再多的物质和财富也难以满足其贪婪的心。这种贪欲如洪水猛兽，不仅会危害自然、危害社会，最终也会害了自己。所以，在物资匮乏的古代社会，所有的智者都特别强调节欲。一方面，从天人关系上讲，节欲能减少人类对大自然的过度索取，能保证动植物的正常繁衍生息，这是一种仁德；另一方面，节欲能积累财富，如果把这些物质用于救济陷于灾荒的民众，能挽救很多人的生命，这更是大仁大义。

孔子的这种思想，对后世有着深远的影响。历朝历代统治者，在捕猎鸟兽、砍伐山林等方面，都有着严格的规定，特别强调"斧斤以时入山林"。否则，便视为违禁，理由是这样做"有干天和"，也就是说违背了上天好生之德，应该受到严厉惩罚。总之，无论是节欲也好，还是怜物惜命也罢，无论出于哪种目的，都是仁者之心。上述所描述的这两种行为，虽然看似平常，却是对孔子爱人之心的扩充，可以将其理解为仁德思想，也可以将其看作是孔子的行教。孔子的这种"取物以节"的思想，对于现代物欲横流、自然环境受到破坏的社会，有着重要的教育和指导意义。

2.老子"万物并作，吾以观复"

"复命曰常，知常曰明。不知常，妄作，凶。知常容，容乃公，公乃全，全乃天，天乃道，道乃久，没身不殆。"这句话是老子对其提出的"观复"生态哲学思想的解释。老子认为，要保持大自然的美好环境，做到良性循环（往复）生生不息，不使之受到破坏，必须从维护"万物并作"的立场出发，讲究"知常"的辩证法，不肆意妄为，这样人类终究不会有毁灭自身的危险。"常"即自然规律；"知常曰明"即认识掌握自然规律才不会乱来；"不知常"即不懂得自然规律，胡作非为，这样就会致"凶"的后果。其中蕴含哲理：天地、山河大地在养育我们人类！整个大自然，它是没有私心、完全平等的善待一切众生。这句话告诉大家，自然的法则是对待世间万象一切平等；在人的世界里，也应如此才为正道。

三、封建社会——生态观念的发展

（一）背景

中国封建社会是从战国时代开始，其起止年限为公元前475年至公元1840年。"封建"一词，最早见于春秋时富辰之说："周公吊二叔之不咸，故封建亲戚，以藩屏周。""封建制度"中"封

建"的原始含义，即"封"土而"建"国，"封"之本义起始于"丰"字，在殷墟甲骨文与金文中，其字形状如"植树于土堆"，故"封"是"疆界""田界"之意。"建"乃由"封"而来，"建"字可见于金文，指"建国立法"；古文献中之"封建"即"分封制"。"封建"，简而言之是指王者以爵土分封诸侯，而使之建国于封建的区域。这源自上古时代部落联盟对各部落土地和人口施行的一种制度化管理方式。由此可见，所谓封建，自有部落以来就已有雏形。

在封建社会，地主阶级统治其他阶级的根本即为封建土地所有制。地主阶级通过掌握土地这一生产资料，通过对使用土地的农民榨取地租、放高利贷等手段剥削其他阶级。同时封建土地所有制的形式也不尽相同，通过契约租赁、缴纳地租、雇佣佃户等方式实现，但其本质依然是一种剥削与被剥削的关系，不会改变封建社会作为一个阶级社会的本质。

（二）虞衡制度

人类作为大自然的产物，为了生存，不得不向自然索取。早在人类改造自然能力低下的时期，人类就开始通过原始手段诸如捕猎、采摘等方式向大自然获取生存所需的物资，通过打造石器、竹木劳动工具改造自然，当然也伴随着对自然的破坏和资源的掠夺。当人类从不断的迁徙过渡到定居之后，随着生产力的提高和人口增长，人类对自然的破坏变得更加突出，就需要用强制性的手段来约束人们的行为，使山林湖泽、鱼虫鸟兽得以繁衍生息。

1.来源

虞衡，古代掌山林川泽之官。《周礼·天官·太宰》："以九职任万民，三曰虞衡。"郑玄注："虞衡，掌山泽之官，主山泽之民者。"贾公彦疏："地官掌山泽者谓之虞，掌川林者谓之衡。"孙诒让正义："山林川泽之民属于虞衡，故即名其民职曰虞衡，亦通谓之虞。"虞、衡分职，周汉已然，魏晋以来，概称虞曹、虞部。隋代以后虞部属工部尚书。明改为虞衡司，清末始废。唐代刘商《金井歌》："虞衡相贺为祯祥，畏人采撷持殳戕。"宋代叶适《除吏部侍郎谢表》："从冬卿而陪献纳，考地贡而修虞衡。"章炳麟《訄书·明农》："蔬中之丰，园圃毓之；桢干之富，虞衡作之。"

2.历史沿革

早在四千多年前的夏朝，古人就认识到环境和资源保护之间的关系，并采取制定法律的方式来约束人们的行为。大禹时期发布"春三月，山林不登斧，以成草木之长；夏三月，川泽不入网罗，以成鱼鳖之长"等禁令，意思是在春三月，不许上山砍伐林木；夏三月，不得入湖泽河川捕鱼。从禁令可以看出当时人们已经认识到只要保护好自然环境和资源，就可以给人们带来巨大财富。后来的商朝和西周都延续了这些禁令，周朝甚至还设立了相

应的官职来管理相关自然资源，如"山虞""林衡""川衡""泽虞"等来执行管理自然资源的职责。

传说舜曾任命伯益担任虞官，负责管理山川草木鸟兽。周代这方面的官吏分别有小虞、野虞、兽虞、虞人、林衡、衡麓、泽虞、水虞、舟虞、渔师、川衡等名目。其职掌包括山林川泽中林木蒲苇等野生用材、鸟兽鱼鳖等野生动物以及野果野菜等蔬食的保护。周文王时期曾颁布《伐崇令》，规定："毋坏屋，毋填井，毋伐树木，毋动六畜，有不如令者，死无赦。"此外，周朝还制定了保护自然资源的《野禁》和《四时之禁》。

秦汉时期虞衡转成少府，但其职责仍为管理山林川泽，还设置了各种职位和职称，具体分管的有林官、湖官、陂官、苑官、畴官，可谓分工精细，共同维护自然的和谐。秦朝的《田律》可以说是迄今为止保存最完整的古代环境保护的法律文献，它有一部分专门讲述资源与环境保护，几乎包括生物资源保护的所有方面。

隋唐时期虞衡职责有了进一步的扩展，管理事务不断扩大。据《旧唐书》记载，虞部"掌管京城街巷种植、山泽苑圃、草木薪炭供顿、田猎之事"。把人与自然和谐相处的一系列思想主张固定下来，通过法律制度的强制性来具体实施这些思想，约束人们的行为，从而规范社会生产活动。中国建立了世界上最早的自然保护区，汉唐时代自然资源和生态保护方面的理论与实践已发展到了较高水平。统治阶级十分重视国土合理开发利用与环境整治问题，尤其是在唐代，山林川泽、苑囿、打猎、郊寺神坛、五岳名山都纳入了政府管理的职责范围，《唐律》不仅详细具体地规定了保护自然环境和生活环境的措施及对违反者的处罚，而且把京兆、河南两地四角 300 里划为禁伐区和禁猎区。通过设置保护区的方式来保护自然资源与生态环境，这对保护祖国的秀丽山川起到了很大的作用。经济发展与文化的繁荣，使大唐成为中国古代经济空前繁荣的朝代，可以说，唐代的生态文明思想与环境保护措施在其中也起到了一定的作用。

宋元以后除元朝设有专门的虞衡司之外，其他各朝都由工部负责资源与环境保护方面的工作。由少府转到虞衡司再到工部，表明古代当政者对环境保护重要性的认识上升到了新的高度，并开始从系统的角度来管理自然资源与处理生态环境的保护问题。宋元时期，特别是北宋时期，十分重视资源与环境保护方面的立法、执法，保护的对象包括山场、林木、植被、河流、湖泊、鸟兽、鱼鳖等众多方面。

虞衡制度及其机构基本延续到清代，在保护自然生态、维护国家财富和资源、促进经济发展等方面都起到了重要的作用。它也为现代环境保护和可持续发展提供了重要的历史借鉴，可以说这一制度是中国对世界自然资源管理做出的制度性贡献。明清两朝的法律则多沿用唐律，并没有发展，如清代还设有专管水利的

官员，并设令专门保护水道河堤，这种办法一直沿用至今。历朝历代都颁布了一些保护自然资源与生态环境的法律，统治阶级通过法律制度在一定程度上维护了人与自然的和谐。

都江堰：可持续水利工程的典范

约公元前100多年，司马迁着手撰写史书，行遍大江南北，当他驻足于水流迅疾的岷江之畔、离堆之上，一座工程深深地震撼了他。在《史记·河渠书》里，他为后世留下了关于都江堰最早的记载："于蜀，冰凿离堆，辟沫水之害。"

如今，这座工程已经建成近2 300年。它早已与岷江融为一体，湍急的江水被其"驯服"，化作大大小小的河流，润泽成都平原的广袤沃土，灌溉面积超过1 000万亩。

作为世界上现存最古老、规模最大、维护最完整的灌溉工程之一，2000年1月，都江堰被联合国教科文组织列为世界文化遗产。这个唯一以水利为主题的世界文化遗产以它悠久的历史、独有的科学文化价值被永久保留和尊重。

无坝引水工程的经典

都江堰位于四川省成都市，据传由战国时期秦国蜀郡郡守李冰及其子于公元前256年主持始建。

整个都江堰枢纽可分为渠首和灌溉水网两大系统，其中渠首包括分水工程"鱼嘴"、溢洪排沙工程"飞沙堰"、引水工程"宝瓶口"三大主体工程。

鱼嘴因其形如鱼嘴而得名。它位于江心，把岷江分成内外二江。外江在西，又称"金马河"，是岷江正流，主要用于行洪；内江在东，是人工引水总干渠，主要用于灌溉，又称"灌江"。鱼嘴决定了内外江的分流比例，是整个都江堰工程的关键。

内江取水口宽150米，外江取水口宽130米，利用地形、地势使江水在鱼嘴处按比例分流。春季水量小时，四成流入外江，六成流入内江，以保证春耕用水；春夏洪水期，水位抬高漫过鱼嘴，六成水流直奔外江，四成流入内江，使灌区免受水淹。这就是所谓"分四六，平潦旱"。此外，在古代还会使用杩槎（用来挡水的三脚木架）来人工改变内外两江的分流比例。

"都江堰是中国古代无坝引水工程的经典，创造出与自然和谐共存的水利形式，是具有独特美学意境的水工建筑。"中国水利学会水利史研究会会长、中国水利水电科学研究院副总工程师谭徐明说。

据她介绍，无坝引水是中国古代水利工程最基本的建筑形式，其主要特点是规划上的科学性，它充分利用河流水文以及地形特点布置工程设施，使之既满足引水或通航的需求，又不改变河流原有的自然特性。古代都江堰渠首及以下的各级渠道均为无坝引水的工程形式，与天然河道类似的渠系集灌溉、防洪、水运和城市供水等功能于一体。

"都江堰利用岷江地形修筑，以最少的工程设施，实现了引水与水量的节制。"谭徐明说，渠首段河流的地形、河流水文和水力学特性与每一处工程设施的功用是协调运作的整体，共同决定了都江堰引水、排洪和排沙的能力。一方面，河道地形决定了各工程设施的布置；另一方面，通过工程措施可以保持河床地形的相对稳定，这体现了都江堰在规划方面的卓越成就。

英国学者李约瑟曾在《中国科学技术史》中写道："（都江堰）将超自然、实用、理性和浪漫因素结合起来，在这方面，任何民族都不曾超过中国人。"

传统中国的自然观

在人类文明的进程中，水利活动始终扮演着重要角色。

都江堰不仅是古代工程的奇迹，更是一座饱含中国水利技术、传统文化的博物馆。

"中国水利工程的规划理念和技术内核少有征服自然的意识，其蕴含的生命力和文化的魅力来自对自然与河流的尊重。"谭徐明说，都江堰也是"历史模型"，最具象地展示了成功的水利工程如何从尊重自然、利用自然中获益，其对社会和区域环境又有怎样的贡献。

在都江堰的建设中，以石、木和竹为主的建筑材料和河工构件均直接源于自然。"这类因地制宜、就地取材的工程形式与河流环境融为一体，暗含着古代人水利规划与建筑形式的自然观。"谭徐明说。

站在今天回望，我们该如何认识和理解都江堰？

谭徐明给出她的解释："我们的视野不应局限在水利工程本身的历史，而要将它与区域乃至国家的历史联系起来，放大到它所惠泽的成都平原去理解；同时也不应局限于都江堰的竹笼、杩槎之类的工程技术，而应从中领略传统水利的科学内涵，以及由它所创造出的水工美学的意境。"

另外，认识都江堰，不能忽略都江堰独有的文化现象。"都江堰堪称世界上管理最好的古代水利工程，历史时期都江堰已经具有现代流域水资源一体化管理的机制，灌区管理还扩展到区域公共设施的管理。"谭徐明进一步解释，都江堰2000多年的延续是工程的延续，更是管理的延续，由水利的延续管理衍生出区域文化，"这个文化是非常实实在在的。"

早在汉代，朝廷就已设官员专门对都江堰进行管理。明清时期在渠首所在地灌县设官署，行政长官明代为水利金事，清代称水利同知。四川省、成都府及灌区各县则有专管官员，负责岁修和用水管理。

在谭徐明看来，成都平原从都江堰这座伟大的工程获益长达2000多年，是古代哲人"天人合一"自然观的最好诠释，是对今人可持续发展理念的最好例证。从对江河的利用与改造，到水利工程的未来，都江堰留给后人的财富远远超越了其工程本身。生于成都，长于成都，谭徐明对都江堰灌区十分熟悉，也充满感情，"都江堰造就了成都平原的河流，成都大大小小的河流都属于都江堰的水系。我家推开窗户就是一条小河，上面有拱桥。府河和南河（锦江）是我们游泳和端午看龙舟比赛的地方。"

跨越时空的科学性

2021年4月，中国人民银行发行"中国能工巧匠金银纪念币"，其中一枚5克金币以李冰和都江堰为题材，背面图案就是都江堰

水利主体工程，并辅以文字"深淘滩，低作堰"。

"深淘滩，低作堰"是刻在都江堰二王庙石壁上的治水"三字经"，与"遇弯截角，逢正抽心"的河工"八字诀"一起被奉为都江堰的传世准则。前者是古人从无数经验教训中凝练出的都江堰工程技术规范；后者则不仅适用于都江堰，而且是治理堆积性（增坡性）河流的普遍性法则，被后世遵循。

"美国到1936年才从治理密西西比河下游的经验认识到截弯取直是正确的法则。在这以前，普遍认为取直后洪流将径奔下游，使下游流率增大，水位抬高，因而是不利的。殊不知当弯道和捷径同时存在下，两道并流，增加了河槽临时蓄水的容量，只会使下游洪水流率和水位减低。而都江堰2 200年前就已建立了这个治河法则。"我国著名水利工程专家黄万里在《论都江堰的科学价值与发展前途》中写道。

从设计和建造开始，都江堰就没有被视作一劳永逸的工程。从一开始，都江堰便有了维护制度，被称为"岁修"。这是一项复杂的系统工程，必须要在每年极短的枯水期内完成。

清末，西方现代建筑材料和技术传入中国，1935年，鱼嘴部分首先改用混凝土浇筑，这种永久性的工程结构让都江堰省去耗费人力的"岁修"，此后，金刚堤、鱼尾、飞沙堰陆续换掉了竹笼卵石材料，改为混凝土浇筑，古老的都江堰与现代建筑材料结合在一起。

2018年，经国际灌溉委员会评定，都江堰被确认为世界灌溉工程遗产。

据谭徐明介绍，中国目前有19处灌溉工程遗产，其中浙江有17处、四川有2处。"通过19项灌溉遗产的申报和保护，我们发现了很多以前不知道的水利工程，使很多濒于消亡的灌溉工程得到保护，使优秀的水利技术得到认识和传承，并且感受到中国水利工程的确文化深厚，认识到历史不只在教科书上，而是实实在在地存在于大地上。"谭徐明说，都江堰既是一座有着悠久历史意义的水利工程，又是一座自然造化与人工斧凿浑然天成的建筑物；其巨大效益延续至今，是人与自然和谐相处的水利工程的典范。

（资料来源：崔爽.都江堰：可持续水利工程的典范.科技日报，2023-07-17）

四、新民主主义革命时期——中国共产党领导生态文明建设的萌芽和探索

恩格斯所著的《自然辩证法》是马克思主义经典著作，在马克思主义理论体系中占据重要地位，对我们党和国家的革命和建设产生了深刻的影响。《自然辩证法》力图通过自然科学的发展揭示自然界的辩证法。恩格斯在《自然辩证法》中说道："不要过分陶醉于对自然界的胜利。对于每一次这样的胜利，自然界都对我们进行报复。"马克思主义中国化理论体系中的生态观念就是对马克思主义实现人与自然和谐发展思想的继承与发展。

在新民主主义革命时期，中国共产党领导人民进行的首要任

务就是推翻"三座大山"，解放中国最广大的劳动人民。在这样的历史主线之下，中国共产党人并没有忽略对生态环境保护的相关考量，尽最大的努力去协调人与自然之间的关系，将解决自然困境同解决经济困境、社会压迫和政治压迫有机统一起来。

中国共产党早在1922年便针对城市工人生产生活提出自己的主张，提出要"改良工人卫生，禁止16岁以下的青年做妨害健康的工作"。在农村，中国共产党结合革命实践深刻认识到，广大的农民是中国共产党人最坚定的群众基础，中国共产党必须深深扎根于人民群众之中。为此，中国共产党人致力于改变农民的生活现状。1923年6月，《中国共产党党纲草案》将改良水利和工厂卫生以及劳动条件纳入工农利益的要求并作为"共产党之任务"，通过采取改良水利的政策，解救农民于水旱灾荒之苦。

中国共产党自成立以来，从来都没有放弃与自然灾害作斗争，在新民主主义革命时期的相关法案中就有体现，如1928年12月由毛泽东主持制定的《井冈山土地法》、1929年4月发布的《兴国土地法》以及1931年颁发的《中华苏维埃共和国土地法令》，这些相关法律内容都涉及"山、水、林、田、湖、草"等与人民群众生产、生活息息相关的生态环境内容，例如江河水利治理、湖溪治理、森林保护、牧场修护、山林保护等方面，都做了一系列政策保障。

在领导革命的过程中，中国共产党自觉将抗灾救灾、自然资源保护同发展生产相结合。1931 年 11 月，中华苏维埃第一次全国代表大会在江西瑞金胜利召开，大会确立了包括土地人民委员部在内的九部一局为国家行政机关。既巩固了苏维埃政权，又发展了生产，完善了地方水利工程，也保护了革命地区的生态环境，毛泽东提出著名论断"水利是农业的命脉"，就是在这一时期。与此同时，中央土地人民委员部专门设立了山林水利局，该局内设水利、山林、总务三个科室，主要负责植树、育林、护林，木材采伐销售；管理和指导河堤、陂圳、池塘的修筑与开发等。

由此可见，中国共产党深刻领会了水资源对农业、农村、农民哺育的核心要义，在农村利用水利设施，帮助人们灌溉、浇灌，以此来提高农作物的产量，来养活广大的劳动人民。哪怕是在革命战争年代，中国共产党人也从未放弃对大自然的保护和利用，例如"南泥湾大生产运动"就是典型案例。

南泥湾位于延安城区的东南方。清朝中期，这里多民族聚居，经济繁荣。后来，由于封建统治者挑动民族纠纷，加上连年战乱，使方圆百里富庶的土地，变成了人烟稀少、树木繁茂的荒僻之所。

在艰苦的抗战岁月，南泥湾的情况雪上加霜。为此，中共中央在延安专门召开了生产动员大会，毛泽东号召陕甘宁边区军民"自己动手，生产自给"，要求部队在不妨碍作战的条件下参加

生产运动。

1941 年春，在党中央的召唤下，八路军三五九旅由旅长王震率领，进驻了这片荒芜之地。在缺乏生产工具的条件下，对自然环境进行改造，战士们发扬艰苦奋斗的精神，用一把把镢头刨出个"陕北好江南"。

从南泥湾改天换地的案例中，我们看到了中国共产党人把废弃荒地发展成良田沃土的革命实践，其变化不仅有利于保持水土，解决粮食供应需求，也使部队的精神面貌焕然一新，更让我们看到了中国共产党人对人民群众的真情实感，以及对自然的尊重。

五、新中国成立以来绿色发展的探索之路

我国政府历来十分重视环境的保护与治理，1996 年，国家"九五"规划（1996 — 2000 年）首次将可持续发展列为国家的基本战略。2007 年党的十七大第一次把"生态文明"写入党代会报告。2012 年，党的十八大报告中将"生态文明"独立成编，加以系统论述。2013 年党的十八届三中全会，强调把生态文明建设放在突出位置，融入经济建设、政治建设、文化建设、社会建设的全过程。2016 年以来，党中央协调推进"五位一体"总体布局和"四个全面"战略布局，把生态文明建设摆到更加重要的战略

位置，其认识高度、推进力度、实践深度前所未有。习近平总书记强调："绿水青山就是金山银山。""我们要坚持节约资源和保护环境的基本国策，像保护眼睛一样保护生态环境，像对待生命一样对待生态环境，推动形成绿色发展方式和生活方式，协同推进人民富裕、国家强盛、中国美丽。"

漫漫环保路，绿色启新程。新中国成立70多年来一届又一届领导集体接续接力，一代又一代中国共产党人不忘初心、牢记使命，不懈地探索人与自然和谐共生的平衡点，一代接着一代，执着坚韧地书写中国的绿色篇章。

（一）党的十八大之前的绿色发展探索之路

生态环境没有替代品，用之不觉，失之难存。生态保护不是一个新概念，在5 000年的中华文明中孕育着丰富的生态智慧，这种智慧从原始社会到奴隶社会到封建社会，再到社会主义社会都一直伴随着中华民族。我国从国家层面高度重视生态环境保护与建设工作，采取了一系列战略措施，加大了生态环境保护与建设力度，一些重点地区的生态环境得到了有效保护和改善。但由于中国人均资源相对不足，地区差异较大，生态环境脆弱，生态环境恶化的趋势仍未得到有效遏制。

1.脉络梳理

我国政府历来十分重视环境的保护与治理，我国环保事业孕育于 20 世纪五六十年代，当时社会生产力还比较落后，人们改造自然的能力和水平还较低，生态破坏程度较轻，环境问题不是那么突出，人们的环保意识尚处于萌芽状态。进入 20 世纪 70 年代，部分地区环境污染和生态破坏日益严重，环保工作开始提上议事日程。1972 年，中国派出代表团参加联合国人类环境会议并积极参与了《人类环境宣言》的起草工作，会上提出了关于环境保护的 32 字方针："全面规划，合理布局，综合利用，化害为利，依靠群众，大家动手，保护环境，造福人民。"1973 年，也就是召开第一次全国环境保护会议这一年，被称为中国现代环境保护的"元年"。自此，我国初步形成了涵盖中央、省、地市三级环保组织网络，污染防治工作也有计划地全面开展起来。

进入改革开放新时期，我国环保事业逐渐步入正轨，一系列重大环保举措相继实施。比如，把保护环境确立为基本国策、设立国家环境保护局（今生态环境部）、颁布环境保护法等。这些有力措施，为推动环保事业发展奠定了坚实基础，对防治环境污染起到了积极作用。但与此同时，由于过去我们主要是依靠粗放型发展模式实现经济快速增长，从而导致资源消耗过大、环境污染严重，自然生态几乎到了难以承载的极限。发达国家工业化百年间出现的环境问题，在我国短期内集中爆发。"五六十年代淘米洗菜，七十年代农田灌溉，八十年代水质变坏，九十年代鱼虾绝代。"这首民谣描述的情景，就是一些地方生态恶化的真实写照。

1979 年 9 月，第五届全国人民代表大会常务委员会通过了《中华人民共和国环境保护法（试行）》，此后又发布了一系列与之相关的法规。1992 年，联合国环境与发展大会在里约热内卢召开，这次大会是在全球环境持续恶化、发展问题更趋严重的情况下召开的，会议围绕环境与发展这一主题，在维护发展中国家主权和发展权、发达国家提供资金和技术等根本问题上进行了艰苦的谈判。最后，会议通过了《里约热内卢宣言》《21 世纪议程》和《关于所有类型森林的管理、保存和可持续开发的无法律拘束力的全球协商一致意见权威性原则声明》3 项文件。会议期间，对《联合国气候变化框架公约》和《生物多样性公约》进行了开放签字，已有 153 个国家和欧共体正式签署。这些会议文件和公约有利于保护全球环境和资源，要求发达国家承担更多的义务，同时也照顾到了发展中国家的特殊情况和利益。这次会议的成果具有积极意义，在人类环境保护与持续发展进程上迈出了重要的一步。1996 年，国家"九五"规划（1996 — 2000 年）首次将可持续发展列为国家的基本战略。1997 年 11 月，第八届全国人民代表大会常务委员会第二十八次会议通过了《中华人民共和国节约能源法》。这两部法律的实施，使我国环保和节能工作开始走上法治轨道。从国务院到各省（市）、地、市、县都设置了专门机构开展工作。许多城市都把环保和节能列入长期目标，全国从事环保和节能相关产业的人员越来越多。为了解决环保和节能问题，我国逐年增加用于环保和节能的资金投入。各种宣传机构也都加强了对节能与环保的宣传，节能与环保已经受到党和政府的高度重视。人类对生态环境问题的认识，以 2002 年可持续发展世界首脑会议以及联合国可持续发展大会为标志，不断进行深化和拓展。当今世界，可持续发展已成为时代潮流，绿色、循环、低碳发展正成为新的趋向。科学发展观强调，建设生态文明，实质上就是要建设以资源环境承载力为基础、以自然规律为准则、以可持续发展为目标的资源节约型、环境友好型社会。这深刻揭示了建设生态文明的内涵和本质。党的十六大以来，党中央坚持以科学发展观统领经济社会发展全局，坚持节约资源和保护环境的基本国策，深入实施可持续发展战略，创造性地提出建设生态文明的重大命题和战略任务，为我国实现人与自然、环境与经济、人与社会和谐发展提供了坚实理论基础、远大目标指向和强大实践动力，开辟了中国特色社会主义的新境界。2007 年党的十七大第一次把"生态文明"写入党代会报告。党的十七大以来，我国充分发挥后发优势，在推进工业文明进程中建设生态文明，坚持以信息化带动工业化、以工业化促进信息化，走新型工业化道路，形成了中国生态文明建设的特色，为人类社会推进文明进程进行了有益尝试。

2.生态保护具体措施

（1）划生态功能区

为科学确定不同区域的生态功能，明确对全国的生态安全保障具有重要作用的区域，指导资源合理开发与保护，原国家环境保护总局组织编制了《全国生态功能区划》。依据区域主导生态功能，划分为水源涵养、土壤保持、防风固沙、生物多样性保护、洪水调蓄、农业发展和城镇建设等七类生态功能区。根据生态功能极重要区和生态极敏感区的分布，提出了陆域生态功能保护重点区域，作为全国生态环境保护和建设的优先地区。

（2）建立自然保护区

为了加强对自然保护区的管理，针对自然保护区存在的突出问题，国务院及有关部门制定了有关自然保护区管理的政策、法规和规章；加强涉及自然保护区建设项目的监督管理，防止不合理的资源开发和建设项目对自然保护区产生影响和破坏，查处了一些破坏保护区的违法开发活动和案件；推进各自然保护区的划界立标和土地确权工作，明确边界和土地权属；建立自然保护区科研监测支撑体系，开展宣传教育，发挥保护区的多种功能；开展国际合作与交流，学习借鉴国外自然保护区管理先进理念和模式；积极争取国外项目资金，加强了机构建设和管理人员培训，着力提高管理能力和管护水平。

（3）建立生态功能保护区

建立国家重点生态功能保护区是中国生态保护的一项新举措。国家重点生态功能保护区以保护区域主导生态功能为目的，实行限制开发，兼顾区域经济发展，通过规范管理，以管促治，合理发展区域特色产业等多种措施，有效减轻人类活动对生态系统的压力，预防和控制各种不合理的开发建设活动导致生态功能的退化。建立生态功能保护区，对于防止和减轻自然灾害，促进经济社会可持续发展，保障国家和地区生态安全具有重要意义。2000年国务院发布的《全国生态环境保护纲要》明确提出，要通过建立生态功能保护区，保护和恢复区域生态功能。2006年2月14日由国务院发布《国务院关于落实科学发展观加强环境保护的决定》将保持生态功能保护区的生态功能基本稳定作为中国环境保护的目标。2006年3月14日第十届全国人民代表大会第四次会议批准《中华人民共和国国民经济和社会发展第十一个五年规划纲要》将生态功能保护区建设作为推进形成主体功能区，构建资源节约型、环境友好型社会的重要任务。原国家环保总局牵头积极推进生态功能保护区建设，在江河源头区、重要水源涵养区、水土保持区、江河洪水调蓄区、防风固沙区和重要渔业水域等重要生态功能区，开展了东江源、洞庭湖、秦岭山地等18个国家级生态功能保护区建设试点工作。同时，河北、山西、山东、江苏等省还开展了地方级生态功能保护区建设工作。还编制

《国家重点生态功能保护区规划（2006—2020年）》。2007年12月7日原国家环保总局在京召开新闻发布会，环保总局副局长吴晓青发布了该文件。该规划统筹安排了我国重点生态功能保护区的布局和建设，对指导和推进生态功能保护区建设，维护我国生态安全具有重要意义。

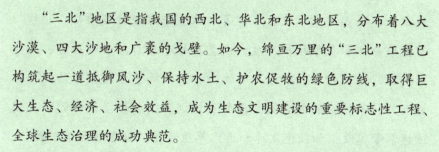

"三北"防护林体系工程
——构筑抵御风沙的绿色防线

"三北"地区是指我国的西北、华北和东北地区，分布着八大沙漠、四大沙地和广袤的戈壁。如今，绵亘万里的"三北"工程已构筑起一道抵御风沙、保持水土、护农促牧的绿色防线，取得巨大生态、经济、社会效益，成为生态文明建设的重要标志性工程、全球生态治理的成功典范。

20世纪70年代，"三北"地区黄沙漫天，沟壑纵横，极大影响当地人民生产生活。1978年11月，党中央、国务院作出建设"三北"防护林体系工程的重大决策。按照规划，"三北"工程建设期限为1978年至2050年，历时73年，分三个阶段八期工程进行建设。2021—2030年是"三北"六期工程建设期，也是巩固拓展防沙治沙成果的关键期、攻坚期。

工程建设进展如何？据介绍，由于"三北"地区森林、草原、湿地和荒漠生态系统交错分布，六期工程将坚持系统观念，推进新时代防沙治沙工作。"'三北'六期工程将荒山荒沙绿化、森林质量提升、草原保护修复、湿地保护恢复、沙化土地封禁保护等，纳入建设范畴，统一规划，统筹实施。"国家林草局三北局相关负责人表示，将强化区域联防联治，建立多部门、多层次、跨区域协同推进机制，强化部门和地区之间协同作战和信息共享。

"三北"地区分布着我国84%的沙化土地。"防沙治沙一直是'三北'工程建设的主要任务之一。'三北'六期工程将突出重点，全力打好三大标志性战役。"国家林草局三北局相关负责人介绍，这三大标志性战役为：在黄河"几字弯"区域，对黄河岸线流沙、十大孔兑粗沙区、河套灌区盐渍化等退化土地开展综合治理；在科尔沁、浑善达克沙地区域部署一批生态综合治理项目，稳步提升区域森林和草原植被盖度，恢复疏林草原自然景观原貌，减少影响京津的风沙源；在河西走廊—塔克拉玛干沙漠边缘区域，抓好天然林草植被的封育封禁保护和绿洲外围、沙漠边缘的防风固沙林草带建设，加强退化林和退化草原修复，确保沙源不扩散。

经过40多年的建设，"三北"工程的成效不断显现。

绿色屏障不断巩固。"三北"工程建设累计营造林保存面积达4.8亿亩，工程区森林覆盖率由1977年的5.05%提高到目前的13.84%，森林蓄积量由1977年的7.2亿立方米增加到目前的33.3亿立方米。

风沙危害不断减轻。"三北"工程建设累计治理沙化土地33.6万平方公里，工程区土地沙化面积及易起沙尘土地面积实现"双下降"，年均沙尘暴日数从1978年的6.8天下降到目前的2.4天。

绿色经济不断发展。目前，"三北"工程建设累计治理水土流失面积 44.7 万平方公里。超 3 000 万公顷农田得到有效防护。年产特色林果 4 800 万吨，产值达 1 200 亿元。

（资料来源：董丝雨."三北"防护林体系工程——构筑抵御风沙的绿色防线，人民日报，2023-06-22）

（4）开发与保护并重

水资源开发生态保护。提高水资源利用效率，建设节水型社会。全国有 17 个省、自治区、直辖市发布了用水定额，实行计划用水；农业节水灌溉面积已达到 3.2 亿亩。2000 — 2004 年，全国农田实灌面积用水量亩均减少 29 立方米，降低 6.1%；万元 GDP 用水量减少 211 立方米，降低 34.6%。加强水利水电工程环境影响评价。开展了怒江流域、塔里木河流域、澜沧江中下游、四川大渡河、雅砻江上游、沅水流域等流域开发利用规划的环境影响评价。积极推动水电建设的有序发展，国家能源发展战略和电力发展方针由积极开发水电调整为在保护生态的基础上有序开发水电。

矿产资源开发生态保护。2003 年 12 月国务院发布了《中国矿产资源政策》白皮书，提出了"实现矿产资源开发与环境保护的协调发展"的要求。2004 年，原国家环保总局、原国土资源部、国家安全生产监督管理局联合开展了全国矿山生态环境保护专项执法检查；检查矿山企业 52 414 家，关停、取缔 16 413 家。2004 年，国家投入资金 4.06 亿元开展矿山环境治理，恢复治理

面积 27 435 公顷。2005 年，中央财政安排矿山治理项目资金 7.53 亿元，并进一步开展了矿山公园的建设和省级矿山环境保护与治理规划编制工作；共批准国家矿山公园 28 个，为矿区走可持续发展道路起到了示范作用。

旅游资源开发生态保护。2001 年，国务院发布了《关于进一步加快旅游业发展的通知》，把加强旅游资源开发的生态保护作为促进旅游产业实现可持续发展的重要指导思想。有关部门和各级地方政府加强了对旅游资源开发的生态环境保护工作，2005 年，原国家旅游局、原国家环保总局联合印发了《关于进一步加强旅游生态环境保护工作的通知》，提出要确立"环境兴旅"目标，并就加强旅游生态环境保护规划工作、切实抓好旅游区生态环境保护工作、加强旅游生态环境保护法规和标准建设，积极推动生态旅游以及加强旅游生态环境保护的宣传教育提出了详细的工作意见；启动了《国家生态旅游示范区标准》的制定工作，以规范生态旅游的发展，实现旅游业与生态环境保护协调发展。国家结合重点流域、区域环境综合整治，强化了旅游区的环境管理，对一些旅游区的规划与开发建设项目开展了环境影响评价，加大了污染防治力度，关停、搬迁、限期治理了一批风景旅游区的污染企业。

（5）生物多样性保护

中国于 1993 年加入《生物多样性公约》，迄今已提交 3 次国家履约报告，制定了《中国生物多样性保护行动计划》《中国生物多样性国情研究报告》《国家生物安全框架》等国家战略。中国履行《生物多样性公约》工作协调组已有22个成员单位，原国家环境保护总局定期组织召开履约工作组会议，研究制订国家履约计划，开展国际合作项目，不断完善工作机制，促进《生物多样性公约》的履约进程。加大生物多样性的社会宣传力度，在每年的5月22日纪念国际生物多样性日期间开展了形式多样、内容丰富的宣传教育活动，形成了保护生态、保护生物多样性的良好社会氛围。

进入新世纪，人们对环境问题的认识更加深刻，也积极探索环境保护新路，先后出台一系列关于环境保护的法律法规，采取一系列重大举措推进可持续发展，推动环境保护取得了很大成绩。也是在这个时期，我们提出了建设生态文明，并将生态文明建设放到与经济建设、政治建设、文化建设、社会建设同等重要的位置，作为全面建设小康社会的目标之一。

2003年，原国家环保总局与中科院联合发布了第一批外来入侵物种名录；各部门相互协同，共同制定了外来入侵物种环境应急方案，并在此基础上形成了生物物种环境安全应急预案。2004年，国务院办公厅印发了《关于加强生物物种资源保护和管理的通知》，原国家环境保护总局联合17个生物物种资源保护部际联席会成员单位，开展了全国生物物种资源重点调查，完成了全国生物物种资源保护执法检查，组织编制了《全国生物物种资源保护与利用规划》。2005 年 9 月 6 日，中国正式成为《卡塔赫纳生物安全议定书》的缔约国，该议定书的目标是保护生物多样性免受转基因活生物体构成的潜在威胁，它建立了事先知情同意程序，以确保各国在批准这些生物体入境之前能够获得作出决定所需的信息。

中国国际重要湿地——湖南西洞庭湖国际重要湿地

1998 年，湖南省人民政府批准成立了湖南省汉寿目平湖湿地省级自然保护区；2002 年，西洞庭湖湿地被列入国际重要湿地名录；2003 年，湖南省汉寿目平湖湿地省级自然保护区管理处更名为湖南省汉寿西洞庭湖省级自然保护区管理处；2014 年，湖南省常德汉寿西洞庭湖自然保护区获批国家级自然保护区。

西洞庭湖湿地面积为 29 412.80 公顷，区域整体上呈河网切割状的平原地貌，为典型的以陆上复合三角洲占主体的淤积平原，地貌类型划分为堆积地貌、侵蚀堆积地貌、岗地几种类型。湿地气候属中亚热带季风气候区，气候温和，光热充足，雨量充沛，四季分明。

西洞庭湖湿地水系发达，有沅水、澧水两条水系汇聚西洞庭湖，汉寿县南部低山丘陵区为雪峰山余脉，其间沧水、浪水、龙池河等 8 条河流由南向北流入西洞庭湖。由于地形、水分、植被和成土母质以河流沉积物为主，其土壤类型相应呈现出较为显著的地区性差异。

西洞庭湖湿地共有维管束植物 414 种，其中国家一级保护野生植物有水杉一种，国家二级保护野生植物有粗梗水蕨、水蕨、野菱、三裂狐尾藻和野大豆 5 种。湿地内动物种类多样，有底栖动物 65 种，鱼类 112 种，两栖类 13 种，爬行类 20 种，哺乳类 26 种。

（资料来源：星球自然署.中国国际重要湿地——湖南西洞庭湖国际重要湿地，学习强国平台，2020-06-09）

（二）党的十八大之后绿色发展之路

2021 年 4 月 30 日习近平总书记主持中央政治局第二十九次集体学习并讲话指出，"党的十八大以来，我们加强党对生态文明建设的全面领导，把生态文明建设摆在全局工作的突出位置，全面加强生态文明建设，一体治理山水林田湖草沙，开展了一系列根本性、开创性、长远性工作，决心之大、力度之大、成效之大前所未有，生态文明建设从认识到实践都发生了历史性、转折性、全局性的变化"。党的十八大以来，以习近平同志为核心的党中央把建设美丽中国摆在前所未有的高度。2012 年，党的十八大报告中将"生态文明"独立成篇，予以系统论述。2013 年党的十八届三中全会，强调把生态文明建设放在突出位置上，融入经济建设、政治建设、文化建设、社会建设的全过程。2016年以来，党中央协调推进"五位一体"总体布局和"四个全面"战略布局，把坚持人与自然和谐共生纳入新时代坚持和发展中国特色社会主义基本方略，把生态文明建设摆到更加重要的战略位置。党的十九大报告指出，到2035年基本实现社会主义现代化，生态环境根本好转，美丽中国目标基本实现；到本世纪中叶，建成富强民主文明和谐美丽的社会主义现代化强国，我国物质文明、政治文明、精神文明、社会文明、生态文明将全面提升。党的二十大报告将"人与自然和谐共生的现代化"上升到"中国式现代化"的内涵之一，再次明确了新时代中国生态文明建设的战略任务，总基调是推动绿色发展，促进人与自然和谐共生。

总体来说，党的十八大以来，习近平生态文明建设系列论述构成了习近平生态文明思想。习近平生态文明思想的形成，既是时代要求的产物，也是习近平总书记的绿色情怀使然，习近平治国理政的绿色情怀为生态文明建设理论注入了思想和实践的活力。

习近平生态文明思想是习近平新时代中国特色社会主义思想的重要组成部分，是我们党不懈探索生态文明建设的理论升华和实践结晶，深刻回答了为什么建设生态文明、建设什么样的生态文明、怎样建设生态文明等重大理论和实践问题，既为新时代我国生态文明建设提供了根本遵循和行动指南，也开辟了人类可持续发展理论和实践的新境界。《习近平生态文明思想学习纲要》（以下简称《纲要》）系统阐释了习近平生态文明思想的基本精神、基本内容、基本要求。《纲要》指出，习近平生态文明思想系统阐释了人与自然、保护与发展、环境与民生、国内与国际等关系，就其主要方面来讲，集中体现为"十个坚持"，即坚持党对生态文明建设的全面领导，坚持生态兴则文明兴，坚持人与自然和谐共生，坚持绿水青山就是金山银山，坚持良好生态环境是最普惠的民生福祉，坚持绿色发展是发展观的深刻革命，坚持统筹山水林田湖草沙系统治理，坚持用最严格制度最严密法治保护生态环境，坚持把建设美丽中国转化为全体人民自觉行动，坚持共谋全球生态文明建设之路。

这"十个坚持"深刻回答了新时代生态文明建设的根本保证、历史依据、基本原则、核心理念、宗旨要求、战略路径、系统观念、制度保障、社会力量、全球倡议等一系列重大理论与实践问题，标志着我们党对社会主义生态文明建设的规律性认识达到新的高度。

思考

1. 通过学习中国生态环境理念的发展历程，你认为古代生态环境理念对今天保护生态环境的实践有怎样的借鉴意义？

2. 谈谈你对虞衡制度的理解。

3. 新中国成立以来，为保护生态环境我们采取了哪些重大举措？

下篇 ·

绿色践行

新时代的绿色发展理念

一、绿色是发展应有之色

（一）推进美丽中国建设

绿色发展是美丽中国的底色。绿色是生命色、自然色，绿色发展是未来经济的方向、人民群众的期盼。良好生态本身蕴含着无穷的经济价值，能够源源不断地创造综合效益，实现经济社会可持续发展。建设美丽中国，就是要改变传统的生产模式和消费模式，实现经济社会发展和生态环境保护协调统一。一方面，加快形成绿色发展方式，调整经济结构和能源结构，培育壮大新型生态产业体系，提高资源全面节约和循环利用水平；另一方面，要倡导简约适度、绿色低碳的生活方式，创建节约型机关、绿色家庭、绿色学校、绿色社区，形成文明健康的生活风尚，让绿色生活成为全社会的自觉行动。

推动生态环境保护发生历史性、转折性、全局性变化。党的十八大以来，习近平总书记对生态文明建设倾注了巨大心血，足迹遍布大江南北、城市乡村，对"为什么建设生态文明、建设什么样的生态文明、怎样建设生态文明"的重大问题进行深入思考，提出了一系列标志性、创新性、战略性的重大思想观点。"绿水青山就是金山银山"，这是浙江省安吉县依靠绿色发展实现华丽转身的思想指引。过去，安吉许多地方靠开矿采石、攫取资源发展经济，但这致使当地生态环境遭受巨大破坏；如今的安吉，因绿兴县、以绿惠民，乡村旅游人气火爆，生态产品声名远播，走出了一条生态富民的绿色之路。安吉的成功实践，成为习近平生态文明思想彰显伟力的生动写照。

党的二十大报告对过去十年生态文明建设进行总结：我们坚持绿水青山就是金山银山的理念，坚持山水林田湖草沙一体化保护和系统治理，全方位、全地域、全过程加强生态环境保护，使生态文明制度体系更加健全，污染防治攻坚向纵深推进，绿色、循环、低碳发展迈出坚实步伐，生态环境保护发生历史性、转折性、全局性变化，使我们的祖国天更蓝、山更绿、水更清。

在党的二十大报告中关于中国式现代化内涵表述中，其中一个就是指生态文明建设，即中国式现代化是人与自然和谐共生的现代化。人与自然是生命共同体，无止境地向自然索取甚至破坏自然必然会遭到大自然的报复。我们坚持可持续发展，坚持节约优先、保护优先、自然恢复为主的方针，像保护眼睛一样保护自然和生态环境，坚定不移走生产发展、生活富裕、生态良好的文明发展道路，以期实现中华民族永续发展。

党的二十大报告关于到 2035 年我国发展的总体目标中也将生态文明建设纳入其中，表述为"广泛形成绿色生产生活方式，碳排放达峰后稳中有降，生态环境根本好转，美丽中国目标基本实现"。

在对未来五年甚至更长时间的工作布置中将生态文明建设"推动绿色发展，促进人与自然和谐共生"放在报告第十部分，指出大自然是人类赖以生存发展的基本条件。尊重自然、顺应自然、保护自然，是全面建设社会主义现代化国家的内在要求。必须牢固树立和践行绿水青山就是金山银山的理念，站在人与自然和谐共生的高度上谋划发展。

我们要推进美丽中国建设，坚持山水林田湖草沙一体化保护和系统治理，统筹产业结构调整，加快发展方式绿色转型，污染治理，深入推进环境污染防治，持续深入打好蓝天、碧水、净土保卫战，深入推进中央生态环境保护督察；提升生态系统多样性、稳定性、持续性，加强生态保护，应对气候变化，积极稳妥推进碳达峰碳中和，协同推进降碳、减污、扩绿、增长，推进生态优先、节约集约、绿色低碳发展，倡导绿色消费，推动形成绿色低碳的生产方式和生活方式。

整治秦岭违建别墅 依法拆除 1 185 栋 没收 9 栋

2018 年 7 月以来，"秦岭违建别墅拆除"备受社会关注。中央、省、市三级打响秦岭保卫战，秦岭北麓西安段共有 1 194 栋违建别墅被列为查处整治对象。近年来，习近平总书记对秦岭生态环境保护和秦岭违建别墅严重破坏生态问题先后六次作出重要批示指示。这次拆违整治，中央指派中纪委时任副书记、国家监委时任副主任徐令义担任专项整治工作组组长。

秦岭是中国南北地理分界线，更是涵养八百里秦川的一道生态屏障，具有调节气候、保持水土、涵养水源、维护生物多样性等诸多功能。从西安市区开车半个多小时就到了秦岭北麓山脚下，沿途随处可见"保护秦岭，整治违建"的标语，当地人说，在这次整治之前，进山的必经之路上多是别墅楼盘的销售广告。一段时间以来，秦岭北麓不断出现违规、违法建设的别墅，中央虽然三令五申、地方也出台多项政策法规，要求保护好秦岭生态环境，但是还是有很多人盯上了秦岭的好山好水，试图将"国家公园"变为"私家花园"，严重破坏了生态环境。2014 年 3 月，秦岭违建别墅破坏生态环境情况再次被媒体曝光。

（资料来源：秦岭违建别墅整治始末，一抓到底正风纪，中央广播电视总台央视新闻，2019-01-10）

（二）绿水青山就是金山银山

2005 年 8 月，时任浙江省委书记的习近平同志在浙江省湖州市安吉县余村考察，得知村里关闭矿区、走绿色发展之路的做法后给予了高度评价，并在余村首次提出了"绿水青山就是金山银山"的重要理念。之后，习近平同志在多个不同场合进一步深化了"绿水青山就是金山银山"，并以此为核心形成了习近平生态文明思想。

1."绿水青山就是金山银山"理念内涵

习近平总书记提出的"绿水青山就是金山银山"理念，是我

们党对人与自然辩证关系的深刻把握和对客观规律认识的重大成果，坚持"两山理论"是处理发展问题的重大突破，是生态文明理论的重大创新，发展了马克思主义生态经济学，是习近平新时代中国特色社会主义思想的重要内容。

（1）善待赖以生存的自然。绿水青山与金山银山的关系，实质上就是生态环境保护与经济发展的关系。习近平总书记指出，在实践中对二者关系的认识经过了"用绿水青山去换金山银山""既要金山银山也要保住绿水青山""让绿水青山源源不断地带来金山银山"三个阶段。怎样去处理人与自然的关系是一个不断递进的过程，善待自然是人类必须固守的底线。首先要有尊重自然的态度，才能采取顺应自然的行动，进而履行保护自然的职责，然后才能还自然以宁静和谐美丽，让人与自然相得益彰、融合发展。

（2）统筹生态与经济。绿水青山、金山银山分别体现自然资源的生态属性和经济属性，是推动社会全面发展的两个重要因素。"绿水青山就是金山银山"理念阐述了自然资源和生态环境在人类生存发展中的基础性作用，以及体现了自然资本其本身生态价值。揭示了生态就是资源，就是生产力。保护和改善生态环境，就是保护和发展生产力。从长远来看，绿色生态效益持续稳定、不断增值，总量越来越丰富，产生的贡献值越来越大。因此，我们必须重视培育和发展自然资源，加强自然资源和生态环境的保护和利用。

（3）生态与发展协调统一。生态保护与经济发展的关系处理影响着可持续发展。"绿水青山就是金山银山"理念要求我们改变把生态保护与经济发展对立起来的僵化思维方式，坚持两者有机统一、协同推进，最大程度实现生态美、百姓富，最大效度上促进经济社会协调可持续发展。

（4）坚持以人民为中心。随着经济社会快速发展，人们需求呈现多样化，层次逐步多极化，其中良好生态环境的需求也是人民对美好生活的向往的题中之义。"绿水青山就是金山银山"理念坚持以人民为中心的发展思想，把满足人民群众对美好生活的向往作为奋斗目标，努力为人民群众提供更多优质生态产品，让人民群众共享生态文明建设成果。

2."绿水青山就是金山银山"理念发展

"绿水青山就是金山银山"理念基于长期实践和经验教训而提出，在伟大实践中形成和发展，得到实践验证和社会认同，有着深厚的实践基础和深刻的现实意义。这一理念有力地推进了物质文明和生态文明的共同发展与有机融合，对社会发展和变革产生了广泛而深远的影响。

生态文明建设是一项长期的战略任务和目标。"绿水青山就是金山银山"理念明确了生态文明建设的目标方向、途径方法和规范要求。坚持生态保护优先、自然修复为主，加大生态治理、

修复和保护力度，坚守生态功能保障基线、自然资源利用上线、生态安全底线。坚持重点突破、整体推进，坚持久久为功、善作善成。

自然资源和生态环境，是经济发展、绿色发展的重要基础和制约条件。践行"绿水青山就是金山银山"理念、推进绿色发展，就是要推进绿水青山向金山银山转化，对绿水青山这一优质自然资源和优美生态环境，精心培育，严格保护，合理利用，把生态优势变成经济优势，使金山银山常有、绿水青山常在；就是要落实新发展理念，协同推进生态保护与经济发展，在保护中发展、在发展中保护，既不能脱离生态保护搞经济发展，也不能离开经济发展抓生态保护；就是要转变发展方式，加快经济结构调整和传统产业升级改造，着力培育新的经济增长点和发展支撑点，推进生产经济活动过程和结果的绿色化、生态化，推动形成绿色发展方式和生活方式。

全面建设社会主义现代化强国，美丽中国是重要建设内容和衡量标志之一。人与自然和谐共生是基本特征，提供丰富优质生态产品是重要任务。美在绿水青山，富在金山银山。践行"绿水青山就是金山银山"理念，既为现代化建设找准了着力点，也为实现现代化找到了生态路径。这就是做好"山水"大文章。要画好"山水画"，通过推进生态修复保护，浓墨重彩绘就绿水青山，为美丽中国铺实绿色底色。要念好"山水经"，通过山水林田湖草沙系统治理，拓展生态空间、生态容量及生态承载能力，打造金山银山，使生态与经济良性循环、互利双赢。要唱好"山水戏"，通过打造绿色家园和生态文化，彰显山水风光、地域风情和乡土风俗，让人们融入大自然，看山望水忆乡愁。

中国式现代化特征其中之一就是我国现代化是人与自然和谐共生的现代化，注重同步推进物质文明建设和生态文明建设。践行"绿水青山就是金山银山"理念，要坚持不懈推动绿色低碳发展，建立健全绿色低碳循环发展经济体系，促进经济社会发展全面绿色转型。通过强弱项、补短板实施生态攻坚，尽快扭转生态脆弱状况，优化生存环境，增添人们的安全感和舒适感；通过搭建实践平台，让更多的人参与生态文明建设与创业，创建美丽家园，创造美好生活，增添人们的自豪感和成就感；通过推进绿色惠民，发展生态产品、绿色产品和生态文化，扩大人民生态福利，增添人们的获得感和幸福感。

3."绿水青山就是金山银山"写入党章

2017 年，"绿水青山就是金山银山"写入党的十九大报告和新修订的《中国共产党章程》，为实现发展和保护协同共进、全面建成小康社会、建设社会主义现代化国家提供了思想指引。缘起于浙江、践行于全国的"绿水青山就是金山银山"理念对于建设美丽中国、实现"五位一体"总体布局具有重要意义。它必将引领我国生态文明建设进入一个新阶段、一个高境界，必将推动

美丽中国建设，影响着整个人类生态文明的历史进程。

党的十八大以来，习近平总书记着眼实现中华民族永续发展的根本大计，大力推进生态文明建设，推进生态文明体制改革。习近平总书记亲自谋划、亲自部署、亲自推动的中央生态环境保护督察，是党和国家重大制度创新，是建设生态文明的重要抓手。

习近平总书记高度重视、十分关心督察工作，多次作出重要指示批示，为督察工作掌舵定向。从2015年底试点至今，督察工作始终深入贯彻落实习近平生态文明思想，牢固树立制度刚性和权威，夯实了生态文明建设政治责任，解决了一大批突出生态环境问题，助力经济社会绿色转型发展，成为推动美丽中国建设的重要力量。

（三）保持生态文明建设的战略定力

习近平总书记在中共中央政治局就新形势下加强我国生态文明建设进行第二十九次集体学习时强调，"我国生态文明建设仍然面临诸多矛盾和挑战。生态环境修复和改善，是一个需要付出长期艰苦努力的过程，不可能一蹴而就，必须坚持不懈、奋发有为。"一方面，我们看到生态文明建设成效显著，人民群众的获得感增强；另一方面，我们必须保持加强生态文明建设的战略定力，以钉钉子的精神久久为功，持续打好蓝天、绿水、净土保卫战，让良好的生态环境成为最普惠的民生福祉。

生态文明建设是关系中华民族永续发展的根本大计。中华民族向来尊重自然、热爱自然，绵延 5 000 多年的中华文明孕育着丰富的生态文化。生态兴则文明兴，生态衰则文明衰。党的十八大以来，我们开展了一系列根本性、开创性、长远性工作，加快推进生态文明顶层设计和制度体系建设，把"美丽中国"纳入社会主义现代化强国目标，把"生态文明建设"纳入"五位一体"总体布局，把"人与自然和谐共生"纳入新时代坚持和发展中国特色社会主义基本方略，把"绿色"纳入新发展理念，把"污染防治"纳入三大攻坚战，不仅充分彰显了生态文明建设在党和国家事业中的重要地位，更充分表明了我们党加强生态文明建设的坚定意志和坚强决心。习近平总书记率先垂范带头植树，连续多年参加首都义务植树活动，始终关心国土绿化事业，加强生态保护、坚持绿色发展，引领推进生态文明建设。在习近平生态文明思想的指引下，全党全国人民向着建设绿色家园的美丽梦想拼搏奋进。

《中华人民共和国国民经济和社会发展第十四个五年规划和2035 年远景目标纲要》（以下简称《纲要》）中，分别在第十一篇"推动绿色发展　促进人与自然和谐共生"中重点介绍生态问题，另外在第三十七章"提升生态系统质量和稳定性"、第三十八章"持续改善环境质量"、第三十九章"加快发展方式绿色转型"等三章进行详细介绍。

其中在第三十七章"提升生态系统质量和稳定性"中提道："以国家重点生态功能区、生态保护红线、国际级自然保护地等为重点，实施重要生态系统保护和修复重大工程，加快推进青藏高原生态屏障区、黄河重点生态区、长江重点生态区和东北森林带、北方防沙带、南方丘陵山地带、海岸带等生态屏障建设。加强长江、黄河等大江大河和重要湖泊湿地生态保护治理，加强重要生态廊道建设和保护。"

另外，《纲要》中分别在专栏 14 和专栏 15 中，就重要生态系统修复保护和修复工程及环境保护和资源节约工程进行了具体的介绍。

2022 年 3 月 5 日，习近平总书记在参加内蒙古代表团审议时强调，"要保持加强生态文明建设的战略定力，牢固树立生态优先、绿色发展的导向，持续打好蓝天、碧水、净土保卫战，把祖国北疆这道万里绿色长城构筑得更加牢固。"5 位代表分别就打赢脱贫攻坚战、加大草原生态保护建设力度、发挥流动党支部作用、提升动物疫病防控能力、做好民族团结进步教育等问题发言。习近平总书记在中共中央政治局 2022 年 1 月 24 日下午就努力实现碳达峰碳中和目标进行第三十六次集体学习中强调，深入分析推进碳达峰碳中和工作面临的形势任务扎扎实实把党中央决策部署落到实处。

2022 年 3 月 5 日，国务院时任总理李克强代表国务院在十三届全国人大五次会议上作《政府工作报告》，他提道：一年来，面对复杂严峻的国内外形势和诸多风险挑战，全国上下共同努力，统筹疫情防控和经济社会发展，全年主要目标任务较好完成，"十四五"实现良好开局，我国发展又取得新的重大成就。他对过去一年工作进行回顾，提到了所做的几项工作，其中第六点要求关注的就是生态环境：加强生态环境保护，促进可持续发展；巩固蓝天、碧水、净土保卫战成果；推动化肥农药减量增效和畜禽养殖废弃物资源化利用；持续推进生态保护修复重大工程，全面实施长江十年禁渔；可再生能源发电装机规模突破 10 亿千瓦；出台碳达峰行动方案；启动全国碳排放权交易市场；积极应对气候变化。

2022 年政府工作任务聚焦生态问题，将"持续改善生态环境，推动绿色低碳发展"安排为第八方面的工作，提到加强生态环境综合治理，加强污染治理和生态保护修复，深入打好污染防治攻坚战，强化大气治理、加大重要河湖、海湾污染整治力度、持续推进土壤污染防治，节水节能，有序推进碳达峰碳中和工作，处理好发展和减排关系，促进人与自然和谐共生。从报告可以看出，国家对生态环境保护的决心和力度之大。

2022 年 3 月 8 日，十三届全国人大五次会议在北京人民大会堂举行第二次全体会议。全国人大常委会时任委员长栗战书向大会作《全国人民代表大会常务委员会工作报告》。在报告中特别关注生态立法：加快生态文明领域的立法，为自然资源和生态环境保护划定法治红线。制定湿地保护法，强化湿地保护和修复，维护生物多样性。针对噪声污染涉及面广、社会反映强烈的问题，制定噪声污染防治法，维护人民生活环境和谐安宁。召开黄河保护立法座谈会，坚持共同抓好大保护、协同推进大治理，提前介入、加快立法进程，黄河保护法草案已进行初次审议。经过深入调研论证，拟订黑土地保护法草案并进行初次审议，用法律手段保护黑土地这一"耕地中的大熊猫"。指导云贵川三省开展赤水河流域保护共同立法、河北省开展白洋淀保护立法，推动流域综合治理、系统治理、依法治理。

十四届全国人大常委会第三次会议于 2023 年 6 月 28 日审议通过了《全国人民代表大会常务委员会关于设立全国生态日的决定》，并将 8 月 15 日设为"全国生态日"，这是我国在生态文明领域的综合性活动日，足见我国对生态环境保护的重视程度之高，决心之大。

重庆：因地制宜种树　长江两岸更美

巫山县巫峡镇文峰村，碧绿的大宁河水从山脚淌过。山坡上，一株株红叶灌木陆续抽出新芽。3 月 22 日一大早，护林工人黄龙斌就在丛林里忙活开了。他小心翼翼地修剪掉枯败的枝条，查看有无虫害发生，又将几株倒伏的新苗扶正，把土踩实。

"以前这里是一片荒坡，不少地方山石裸露，连草都不生。这些年新栽的红叶树逐渐成林，也带动了村里的旅游发展，来看红叶的游客特别多。"黄龙斌身后，郁郁葱葱的林木成为一道亮丽的风景线。一年多来，重庆围绕"两岸青山·千里林带"建设，在长江沿线种下了一片片生态林、产业林，实现绿化与美化、增绿与增收的有机融合。

适地适树　为两岸披绿

红叶是巫山的"生态宝贝"。早在 2020 年，"两岸青山·千里林带"建设正式启动之前，我市已在巫山进行试点，在长江、大宁河沿线大力开展红叶保护和补植。结合国土绿化提升，文峰村在坡上栽种了黄栌、女贞等乡土苗。可黄栌红叶长势不好，零零散散不成规模。"山上土壤贫瘠，一般的树木很难生长。"黄龙斌说。他和工友们便在陡峭的山石中凿出一个个大坑，填上营养土，再种下红叶。他们先后完成 1.2 万亩红叶树林的补植，消灭了断档和"天窗"，丰富了红叶品种，在大宁河沿线营造了一片红叶景观林。

据了解，在"两岸青山·千里林带"建设中，重庆市预计用10 年时间完成营造林 315 万亩，主要解决长江等大江大河重庆段两岸水土流失难治理、城乡生态修复困难多、生态屏障功能仍然脆弱等突出问题。

2022 年，重庆市就将完成 50 万亩营造林建设任务。"不同于普通的营造林，'两岸青山·千里林带'在提升城市生态屏障功能的同时，还兼顾了景观品质与特色经果林发展。"重庆市林业局相关负责人表示。为此，重庆市围绕"三类""四带"布局，按照适地适树的原则，在长江干流及三峡库区回水区，嘉陵江、乌江和涪江重庆段两岸第一层山脊线，选择适宜的有较高季相变化的树种开展营造林，丰富森林层次结构，凸显四季自然变化，促进长江沿线生态旅游业发展，为长江经济带绿色发展开拓新路径。

具体而言，在大小三峡、乌江、嘉陵江等峡谷地区，以栽种女贞、栾树、柏木等乡土树种为主，全面保护峡谷自然生态环境和生物多样性。对生态敏感区、脆弱区、退化区进行重点修复，为"三峡红叶""乌江画廊"等森林生态增绿添景。

在丘陵低山地区，则重点布局了柑橘、笋竹、荔枝、龙眼等特色经果林，并结合乡村振兴，建设森林乡村，发展乡村旅游、森林康养等，实现增绿与增收双赢。此外，重庆市还在中心城区和沿江重点城镇，开展江河岸线近绿亲水生态修复，栽种了桂花、玉兰、紫薇、红梅等花卉苗木，将绿化与美化结合起来，提升城市人居环境和生态屏障功能。

丰富林相色相季相品相　促进森林提质增效

经过多年努力，重庆目前森林覆盖率已达到54.5%，排名首次进入全国前十。但记者在采访中了解到，现有森林资源总体质量不高，低质低效林数量大，全市乔木林平均蓄积量低于全国平均水平（全国每公顷乔木林蓄积量96立方米，我市只有72立方米）。因此，重庆还在"两岸青山·千里林带"建设中，加大乡土珍贵树种推广，不断丰富林相色相季相品相，改善林分结构，促进森林提质增效。

永川国有林场原本是以马尾松为主的纯林，森林面积约15万亩。"尽管林场每年都在管护，但仍有很多小树弱树面临着松材线虫病入侵的风险。"林场负责人郭元松说。结合"两岸青山·千里林带"建设，林场对低质低效林、疏林地、无立木林地、松材线虫病除治迹地等地块实施了升级改造，营造了以桢楠为主的混交林，形成了针阔混交复层异龄林，提升了森林质量。记者在该林场的桢楠培育基地看到，一棵棵桢楠幼苗正从营养袋中破土而出。温控育苗室内，十几名基地工人站在操作台前，将配置好的营养基质娴熟地装入营养袋中，为新一轮育苗做准备。"这便是无纺布轻基质育苗技术。"郭元松拎起一个营养袋说，"和普通的营养袋相比，轻基质泥土含量不到10%，主要成分为泥炭、缓释肥、谷壳、珍珠岩等，不仅保水、保肥力强，且后期移栽时也更轻便。"

为保障项目建设中的苗木供应，目前重庆市已建立起14个保障性苗圃，并大力发展无纺布轻基质育苗等技术。去年，全市保障苗圃出苗规模突破3 000万株，其中年培育桢楠、红豆杉、银杏、柏木、光皮桦木等珍贵树种苗木2 000万株。"林地生产力也同步提高了。"郭元松说，以桢楠为例，树木成材后，每亩地的经济价值在80万—100万元左右，而一亩松林的经济价值却不到2万元。目前，永川国有林场已完成1万余亩桢楠树苗的移栽补植，逐步构建起健康、优质、高效的森林生态系统。

深挖造林空间　破解新增绿地难

2月份，涪陵珍溪镇洪湖村，青菜头采收接近尾声。种植大户李真明扛着锄头，将一茬茬留在地头的青菜叶子撸在一起，还田作肥，"青菜头采收后，土地没有绿植覆盖，空荡荡的很不美观。"事实上，我市许多地方都存在着类似的情况。尤其是在"滨江景观生态隔离带"与"中山生态产业发展带"交界处。由于地势平坦，大部分地块被划为基本农田，受耕地保护等因素影响，绿化增量空间十分有限。"随着造林面积的逐年递增，可以利用的绿化空间越来越少。"市林业局相关负责人坦言。如何解决这一矛盾？"我们的做法是，在不破坏耕作层、违规占用耕地植树造林的基础上，通过粮食与非粮食作物的间作、轮作、套种等，增加土地利用率，实现农业生产与造林绿化的科学统筹。"该负责人表示。

洪湖村便从中找到了机会——全村 2 000 多亩菜地套种桑树，每年青菜头采收后，桑树才陆续抽出新芽，既不影响蔬菜生长，又能为山坡披上一层绿装。

"桑树具有耐旱、宜存活的特点，还能增强土壤肥力，这是我们根据当地种植习惯精心挑选出的经果林树种。"洪湖村村支书郭中礼告诉记者。不仅如此，重庆市还充分利用城市废弃地、边角地，鼓励采取拆违建绿、留白增绿，以及通过农村土地综合整治，利用路旁、水旁、村旁、宅旁"四旁"闲置土地等见缝插绿，加大公共绿地建设。在垫江长龙镇龙田村，镇干部带领村民在房前屋后栽下了紫薇、斑竹等花卉植物。"过去，村民们习惯在闲置地上散养家禽，到处又脏又臭。环境美化后，村民们也自觉养成了爱干净、讲文明的习惯。"村干部黄成平说。

云阳县则将城市山体生态修复与公园景观协同营造，在城市坡坎崖、废弃地等边边角角种上了樱花、红枫等景观树，打造了一批社区体育文化公园、小游园、小广场、生态停车场等，不断满足当地群众对美好生活的需求。

"目前，重庆正在开展在国土空间规划中明确造林绿化空间这项工作。接下来，我们将围绕生态空间挖潜力补'天窗'，生产空间调结构还林草，生活空间增绿量添色彩，以宜林荒山荒地荒滩、荒废受损山体、退化林地草地为主开展绿化。力争到 2030 年，将'两岸青山·千里林带'项目区森林覆盖率提高到 60% 以上。"重庆市林业局相关负责人表示，届时，长江两岸将形成"层林叠翠、四季花漾、瓜果飘香"的美好景象。

（资料来源：左黎韵.重庆：因地制宜种树 长江两岸更美，重庆日报，
2022-04-04）

二、新时代绿色发展核心理念的实践

（一）制度建设强基

为更好地践行绿水青山就是金山银山的生态理念，自党的十八大以来，我国在推进生态文明建设中把制度建设作为重中之重，加快制度创新，增加制度供给，完善制度配套，强化制度执行，让制度成为刚性的约束和不可触碰的高压线。党的十八届三中全会之后，生态环保法制建设也不断健全，相继出台《大气污染防治行动计划》《水污染防治行动计划》《土壤污染防治行动计

划》等，俗称大气、水、土壤三个"十条"。2015年5月，中共中央、国务院发布《关于加快推进生态文明建设的意见》，首次提出"绿色化"概念，并将其与新型工业化、城镇化、信息化、农业现代化并列，赋予了生态文明建设新的内涵，明确了建设美丽中国的实践路径；2015年9月印发《生态文明体制改革总体方案》，明确提出到2020年，构建起由自然资源资产产权制度等八项制度构成的生态文明制度体系，推进生态文明领域国家治理体系和治理能力现代化，努力走向社会主义生态文明新时代。以上两个方案的出台，搭建起生态文明制度体系的"四梁八柱"，完成了生态文明领域改革的顶层设计。

2016年9月22日，中共中央办公厅、国务院办公厅印发《关于省以下环保机构监测监察执法垂直管理制度改革试点工作的指导意见》。目的是建立健全条块结合、各司其职、权责明确、保障有力、权威高效的地方环保管理体制，确保环境监测监察执法的独立性、权威性、有效性。强化地方党委和政府及其相关部门的环境保护责任，注意协调处理好环保部门统一监督管理和属地主体责任、相关部门分工负责的关系，规范和加强地方环保机构和队伍建设，建立健全高效协调的运行机制，为建设天蓝、地绿、水净的美丽中国提供坚强体制保障。"垂改"之后，执法资源配置不断优化，执法人员业务能力持续提升。从建立中央生态环境保护督察制度，到监测监察执法"垂改"；从明确领导干部生态环境损害责任追究办法，到开展自然资源离任审计，将生态环境保护纳入干部考核之中；从构建绿色技术创新体系，推行绿色生活创建，共享绿色生活。

不断顺应时代发展要求，树立新发展理念，积极转变思维，改变了"以GDP论英雄"的局面，转变政绩观。2016年12月，中共中央办公厅、国务院办公厅印发《生态文明建设目标评价考核办法》，确定对各省区市实行年度评价、五年考核机制，建立健全对各级官员的考核评价机制，以考核结果作为党政领导综合考核评价、干部奖惩任免的重要依据。

2019年1月，中央全面深化改革委员会第六次会议审议通过《关于建立以国家公园为主体的自然保护地体系指导意见》，开启了自然保护地发展的新篇章。这次会议还审议通过了《关于统筹推进自然资源资产产权制度改革的指导意见》等6个与生态环境保护相关的文件。推进生态文明示范区建设，实行河长制、湖长制，在区域开发指导意见中强调生态环境保护，建立健全自然资源资产产权、国土空间开发保护、生态文明建设目标评价考核和责任追究、生态保护补偿制度、河湖长制、林长制等制度。

2019年9月19日，中国率先发布《中国落实2030年可持续发展议程国别方案》。过去十年来，我们印发了《国家应对气候变化规划（2014—2020年）》《"十三五"控制温室气体排放工作方案》《国家适应气候变化战略2035》，出台了《2030年前碳达峰行动方案》，涉及碳达峰碳中和的一系列政策、行动及保障体系基本形成。从 2012 年开始生态文明体制改革全面推进，聚焦八大类制度体系建设、47 项具体改革任务，已陆续出台 60 多项相关的配套制度，加大提升改善生态环境质量的力度，绿色发展取得重大进展。责任明确、多元主体、激励与约束并重、系统完整的生态文明制度体系，逐步构建起来。

（二）法治建设固体

2022 年 3 月 8 日，十三届全国人大五次会议在北京人民大会堂举行第二次全体会议。全国人大常委会时任委员长栗战书向大会作全国人民代表大会常务委员会工作报告，在报告中特别关注生态立法。加强法治建设，为生态文明建设提供了有力的法治引领。党的十八大以来，我国生态环境法治建设进入了立法力度最大、监管执法尺度最严、法律制度实施效果最为显著的时期。在习近平总书记关于生态文明建设新理念新思想新要求的具体指导下，党和国家不断完善、强化生态环境法治体系，陆续制定、发布、实施了一系列指导生态文明建设的法律、法规、政策、措施等，主要有：

党的十八大报告中，生态文明建设成为治国理政的重要内容，纳入中国特色社会主义事业"五位一体"总体布局，并首次把"美丽中国"作为生态文明建设的宏伟目标。生态环境领域的基础性、综合性法律《中华人民共和国环境保护法》，经过全面修订于 2015 年生效实施。首次引入了生态文明建设和可持续发展的立法理念，完善了环境监测、环境影响评价、跨行政区污染防治、排污许可管理、划定生态保护红线等环境管理制度，强化了政府管理部门的职责，通过新增按日处罚机制和行政拘留等处罚手段，大大加重了违法处罚的力度，成为"史上最严"环保法。并实行全国人大常委会对环境保护法开展执法检查听取国务院法律实施主管部门汇报机制。

党的十九大修改通过的党章分别增写生态文明建设和增加"增强绿水青山就是金山银山的意识"等内容，把"中国共产党领导人民建设社会主义生态文明"写入党章。生态文明建设纳入一个政党特别是执政党的行动纲领，中国共产党在全世界是第一个。2018 年 3 月通过的宪法修正案将生态文明写入宪法，实现了党的主张、国家意志、人民意愿的高度统一。全国人大常委会还制修订了 25 部生态环境相关法律，涵盖了大气、水、土壤、固废、噪声等污染防治领域，以及长江、湿地、黑土地等重要生态系统和要素。目前，生态环境领域现行法律达到 30 余部。环境保护法、大气污染防治法、水污染防治法、环境影响评价法、环境保护税法等法律完成制定修订，打击环境违法行为力度空前。与行政法规和地方性法规共同构成覆盖全面、务实管用、严格严密的中国特色社会主义生态环境保护法律体系。实践证明，实现经济发展和生态良好协同推进，必须更好发挥法治引领和规

范作用，必须坚持党的领导和社会主义法治相统一。

（三）环保督察护航

中国向来注重环境保护，在本国环境保护方面积累了很多经验。2015年7月，中央全面深化改革领导小组第十四次会议审议通过《环境保护督察方案（试行）》，明确建立生态环保督察机制。至此将开展生态环境保护督察作为加强生态环境保护工作的一项重大举措，纳入生态文明建设永续工作之中。

环境保护督察也是党中央、国务院关于推进生态文明建设和环境保护工作的一项重大制度安排。通过督察，重点了解省级党委和政府贯彻落实国家环境保护决策部署、解决突出环境问题、落实环境保护主体责任情况，推动被督察地区生态文明建设和环境保护，促进绿色发展。在具体督察中，坚持问题导向，重点盯住中央高度关注、群众反映强烈、社会影响恶劣的突出环境问题及其处理情况；重点检查环境质量呈现恶化趋势的区域流域及整治情况；重点督察地方党委和政府及其有关部门环保不作为、乱作为的情况；重点了解地方落实环境保护党政同责和一岗双责、严格责任追究等情况。督察主要采取听取汇报、调阅资料、个别谈话、走访问询、受理举报、现场抽查、下沉督察等方式开展工作。

1.第一轮中央生态环保督察

2015 年 12 月，第一轮中央生态环保督察从河北开始试点，2016 年 5 月首批 8 个中央环保督察组又相继进驻内蒙古、黑龙江、江苏、江西、河南、广西、云南、宁夏，开展督察工作。2016 年 11 月下旬至 12 月底，第二批 7 个中央环保督察组分别对北京、上海、湖北、广东、重庆、陕西、甘肃等省份进行督察。2017 年 4 月，第三批 7 个中央环境保护督察组陆续进驻天津、山西、辽宁、安徽、福建、湖南、贵州 7 个省份。2017 年 8 月，第四批 8 个中央环境保护督察组陆续进驻吉林、浙江、山东、海南、四川、西藏、青海、新疆（含兵团）开展督察。到 2018 年实现了对全国 31 个省（区、市）和新疆生产建设兵团全覆盖，完成第一轮督察全覆盖，并对 20 个省（自治区）开展"回头看"。

第一轮督察及"回头看"，共推动解决了约 15 万个群众身边的生态环境问题，推动解决了一大批"老大难"问题；共向地方移交 509 个责任追究问题，问责干部 4 218 人。从上述来看问题督察的效果还是非常明显的，但是工作过程中存在的问题也很明显。例如有些要求、有些工作还缺少一些细化规定，督察工作的法治基础还存在薄弱环节。在此背景下，2019 年 6 月，《中央生态环境保护督察工作规定》应运而生。这也是生态环境保护领域的第一部党内法规，明确中央生态环境保护督察是中央级、省级

两级督察体制，包含例行督察、专项督察、"回头看"等三种督察方式。

2.第二轮中央生态环保督察

2019年7月，第二轮中央生态环境保护督察全面启动，并于2022年6月结束。第二轮第一批8个中央生态环境保护督察组于2019年7月15日完成上海市、福建省、海南省、重庆市、甘肃省、青海省、中国五矿集团有限公司、中国化工集团有限公司督察进驻工作。第二轮第二批7个中央生态环境保护督察组于2020年8月30日至9月1日陆续进驻北京、天津、浙江等3个省（市）和中国铝业集团有限公司、中国建材集团有限公司两家中央企业开展督察，并对国家能源局、国家林业和草原局2个部门开展督察试点。截至10月1日，全面完成督察进驻工作。第二轮第三批8个中央生态环境保护督察组于2021年4月6日至4月9日陆续进驻山西、辽宁、安徽、江西、河南、湖南、广西、云南等省（区）开展督察。截至5月9日晚已全面完成督察进驻工作。

2021年8月25日，第二轮第四批中央生态环境保护督察7个中央生态环境保护督察组，分别对吉林、山东、湖北、广东、四川5个省，中国有色矿业集团有限公司、中国黄金集团有限公司两家中央企业开展督察，2021年8月31日完成督察进驻工作。第二轮第五批4个中央生态环境保护督察组，于2021年12

月 3 日至 5 日陆续进驻黑龙江、贵州、陕西、宁夏 4 个省（区）开展督察。截至 2022 年 1 月 5 日，全面完成督察进驻工作。第二轮第六批 5 个中央生态环境保护督察组于 2022 年 3 月 23 日至 25 日陆续进驻河北、江苏、内蒙古、西藏、新疆 5 个省（区）和新疆生产建设兵团开展督察。截至 2022 年 4 月 25 日全面完成督察进驻工作。第二轮督察分六批，共对全国 31 个省（自治区、直辖市）和新疆生产建设兵团、2 个国务院部门、6 家中央企业开展督察。此轮中央生态环境保护督察将国家能源局、国家林业和草原局纳入督察范围，这也是首次将国务院有关部门纳入督察范围，可谓是利剑出鞘，敢于亮剑。出于对部门的特殊性的考虑，在督察方式上，将采取自查和督察相结合。第二轮环保督察聚焦各地贯彻新发展理念、构建新发展格局、推动高质量发展的情况。

截至 2023 年 6 月，第一轮中央生态环境保护督察"回头看"明确的 3 294 项整改任务，总体完成率超过 97%；第二轮督察明确的 2 164 项整改任务已经完成超过 64%。两轮督察共受理转办群众的信访举报 28.7 万件，到目前为止，已办结或阶段办结 28.6 万件。两轮中央生态环境保护督察下来，共移交责任追究问题 667 个，被督察对象共追责问责 9 699 人，其中厅级干部 1 335 人，处级干部 4 195 人，切实发挥了督察的警示作用。

3.第三轮中央生态环保督察

国新办 2023 年 7 月 27 日就"加强生态环境保护，全面推进美丽中国建设"有关情况举行发布会。生态环境部部长黄润秋在发布会上表示，一些重大突出问题整改取得明显成效。例如，甘肃祁连山从曾经的乱采滥挖、乱占滥建逐步恢复到林草繁茂、河清水畅，从大乱到大治；宁夏贺兰山无序野蛮开采行为得到有效遏制，历史"疮疤"逐渐愈合；昆明长腰山，滇池一、二级保护区内违规建筑已全面拆除，大地重披绿装。

2023 年是第三轮督察开局之年，环境部将坚持把贯彻落实习近平生态文明思想作为重大政治任务，紧盯推动绿色低碳高质量发展、深入打好污染防治攻坚战等重点任务，谋划开展好新一轮督察。

长江焕发新颜

2016 年 1 月，2018 年 4 月，2020 年 11 月；上游重庆，中游武汉，下游南京。5 年间，习近平总书记主持召开三次座谈会，为推动长江经济带发展谋篇布局，为中华民族永续发展探索生态优先、绿色发展之路。

5 年间，沿江 11 省市推进生态环境整治，促进经济社会发展全面绿色转型，力度之大、规模之广、影响之深，前所未有；长江经济带生态环境保护发生转折性变化，经济社会发展取得历史性成就，中华民族母亲河生机盎然。2020年12月26日，历经三次审议，十三届全国人大常委会第二十四次会议表决通过长江保护法。"共抓大保护、不搞大开发"写入法律。我国首部流域法律的出台施行，为保护母亲河构建硬约束机制。几天后，2021年1月1日零时，长江流域重点水域10年禁渔全面启动。

回溯历史，2016年1月5日，推动长江经济带发展座谈会在重庆召开。习近平总书记强调，"推动长江经济带发展必须从中华民族长远利益考虑，走生态优先、绿色发展之路"。站在中华民族永续发展的全局高度，以对子孙后代负责的历史担当，习近平总书记亲自谋划、亲自部署、亲自推动长江经济带高质量发展。2016年以来，他先后来到长江上游、中游、下游，三次召开座谈会，从"推动"到"深入推动"，再到"全面推动"，为长江经济带发展把脉定向。2018年4月26日，武汉深入推动长江经济带发展座谈会召开。习近平总书记指出："新形势下，推动长江经济带发展，关键是要正确把握整体推进和重点突破、生态环境保护和经济发展、总体谋划和久久为功、破除旧动能和培育新动能、自身发展和协同发展等关系，坚持新发展理念，坚持稳中求进工作总基调，加强改革创新、战略统筹、规划引导，使长江经济带成为引领我国经济高质量发展的生力军。"

2020年11月14日，全面推动长江经济带发展座谈会在南京召开。"坚定不移贯彻新发展理念，推动长江经济带高质量发展"，习近平总书记为新发展阶段的长江经济带发展指明方向。5年来，在发展中保护、在保护中发展。一场场生态保护攻坚战接连打响，

沿江省市发展理念深刻嬗变。

（资料来源：安蓓 .5 年间，这条大江焕发新颜，人民日报，2021-01-05）

（四）生态环境质量逐步改善

研究 2018 — 2021 年连续四年公布的中国生态环境状况公报，从空气质量、海洋生态环境、地表水等指标来看全国总体生态环境质量逐步改善，达标城市明显增多，人均居住环境向好的方向发展。

1.《2018 中国生态环境状况公报》概览

2018 年，我国 338 个地级及以上城市平均优良天数同比上升 1.3 个百分点，$PM_{2.5}$ 浓度为 39 微克/立方米，同比下降 9.3%；1 935 个国控地表水水质断面中，Ⅰ—Ⅲ类断面比例为 71%，同比上升 3.1 个百分点；劣 Ⅴ 类断面比例为 6.7%，同比下降 1.6 个百分点。海洋生态环境状况总体稳中向好，近岸海域优良海水比例上升。全国生态环境质量优良县域面积占国土面积的 44.7%。全国辐射环境质量和重点设施周围辐射环境水平总体良好。经初步核算，单位国内生产总值二氧化碳排放比 2017 年下降约 4%，超过年度预期目标 0.1 个百分点。

2.《2019 中国生态环境状况公报》概览

全国生态环境质量总体改善。《公报》显示，环境空气质量改善成果进一步巩固。2019 年，全国 337 个地级及以上城市平均优良天数比例为 82.0%。$PM_{2.5}$ 年平均浓度为 36 微克/立方米，同比持平。PM_{10} 年平均浓度为 63 微克/立方米，同比下降 1.6%。水环境质量持续改善。全国地表水 Ⅰ—Ⅲ 类优良水质断面比例为 74.9%，同比上升 3.9 个百分点；劣 Ⅴ 类断面比例为 3.4%，同比下降 3.3 个百分点。902 个在用集中式生活饮用水水源监测断面（点位）中，830 个全年均达标，占 92.0%。

3.《2020 中国生态环境状况公报》概览

2020 年和"十三五"生态环境重点目标任务均超额完成，全国生态环境质量明显改善。根据《公报》，全国 337 个地级及以上城市平均优良天数比例为 87.0%，同比上升 5.0 个百分点；细颗粒物（$PM_{2.5}$）浓度为 33 微克/立方米，同比下降 8.3%。全国地表水国控断面水质优良断面比例为 83.4%，同比上升 8.5 个百分点；劣 Ⅴ 类断面比例为 0.6%，同比下降 2.8 个百分点。地级及以上城市在用集中式生活饮用水水源达标率为 94.5%。海洋生态环境状况整体稳定，近岸海域水质总体稳中向好。"十三五"期间，我国生态环境明显改善。概括来说是"三升三降"，即环境空气达标城市数量、优良天数比例提升，重污染天数比例、主要污染物浓度下降；地表水水质优良断面比例持续提升，劣 Ⅴ 类断面比例持续下降；水质优良海域面积比例持续提升，劣 Ⅳ 类水质海域面积比例持续下降。

4.《2021 中国生态环境状况公报》概览

2021 年污染物排放持续下降，生态环境质量明显改善。其中，全国空气质量持续向好，地表水环境质量稳步改善，管辖海域海水水质整体持续向好；全国土壤环境风险得到基本管控，土壤污染加重趋势得到初步遏制；全国自然生态状况总体稳定，单位国内生产总值二氧化碳排放下降达到"十四五"序时进度在大气环境方面，339 个地级及以上城市平均优良天数比例为 87.5%，同比上升 0.5%；细颗粒物浓度（$PM_{2.5}$）为 30 微克/立方米，同比下降 9.1；臭氧平均浓度为 137 微克/立方米，同比下降 0.7%。淡水环境方面，全国地表水 I—III 类水质断面比例为 84.9%，同比上升 1.5 个百分点；劣 V 类断面比例为 1.2%，均达到 2021 年水质目标要求；876 个地级以上城市在用集中式生活饮用水水源监测断面（点位）中，825 个全年均达标，占 94.2%。土壤环境方面，受污染耕地安全利用率稳定在 90% 以上，农用地土壤环境状况总体稳定，耕地质量平均等级为 4.76 等，水土流失面积为 269.27 万平方千米。

全国生态质量指数（EQI）值为 59.77，生态质量为二类，与 2020 年相比基本稳定。其中，生态质量为一类的县域面积占国土面积的 27.7%，二类的县域面积占 32.1%，五类的县域面积占 0.8%。在生物多样性方面，全国森林覆盖率为 23.04%，草地面积 26 453.01 万公顷，各级各类自然保护地总面积约占全国陆域国土面积的 18%，正式设立三江源、大熊猫、东北虎豹、海南热带雨林、武夷山等第一批国家公园。

5.《2022 中国生态环境状况公报》概览

全国生态环境质量保持改善态势，年度改善目标顺利完成。空气质量稳中向好。339 个地级及以上城市 $PM_{2.5}$ 平均浓度为 29 微克/立方米，"十三五"以来可比数据已实现"七连降"。6 项主要污染物平均浓度连续 3 年稳定达标。重度及以上污染天数比例为 0.9%，同比下降 0.4 个百分点，首次降低到 1% 以内。地表水环境质量持续向好。水质优良（Ⅰ—Ⅲ类）断面比例为 87.9%，同比上升 3.0 个百分点，实现"十三五"以来"七连升"；劣 V 类断面比例为 0.7%，同比下降 0.5 个百分点。土壤环境状况总体稳定。农用地安全利用率保持在 90% 以上。重点建设用地安全利用得到有效保障。城市声环境质量总体稳定。功能区声环境质量昼间、夜间总达标率分别为 96.0%、86.6%，同比分别上升 0.6 个百分点、3.7 个百分点。

从以上 5 年的《公报》可以看出来，我国加大对生态环境的保护，加大立法力度和检查执行相关法律法规的监督，对于空气质量、地表水质量、土壤污染程度的逐渐好转是一个有力的举措。特别是将生态环境的保护加入对地方各级官员的考核，且实行终身责任制，也在一定程度上遏制了"吃子孙后代的饭"的情况发生，对生态环境保护又加上了一道"紧箍咒"，这为各级官

员的行为划定了生态红线，其效果是显著的。

据 2022 年 3 月 21 日《人民日报》报道，党的十八大以来，我国累计完成造林 9.6 亿亩。森林覆盖率提高 2.68 个百分点，达 23.04%；森林植被总碳储量净增 13.75 亿吨，达 92 亿吨。人不负青山，青山定不负人。2021 年 10 月，习近平总书记在以视频方式出席《生物多样性公约》第十五次缔约方大会领导人峰会并发表主旨讲话时指出："中国正式设立三江源、大熊猫、东北虎豹、海南热带雨林、武夷山等第一批国家公园，保护面积达 23 万平方公里，涵盖近 30% 的陆域国家重点保护野生动植物种类。"

2023 年 7 月 27 日，在国务院新闻办举行的新闻发布会上，生态环境部部长黄润秋介绍："碧水保卫战取得显著成效。2022 年全国地表水Ⅰ—Ⅲ类断面比例达到 87.9%，接近发达国家水平；全国地级及以上城市建成区黑臭水体基本消除；饮用水安全保障水平得到有效提升。"

祁连山教训

祁连山是甘肃河西走廊的"生命线"，地处青藏高原、内蒙古高原和黄土高原的交会处，位于石羊河、黑河、疏勒河三大内陆河流域的源头，分布有丰富的冰川、雪山、森林、草地和湿地资源。甘肃祁连山自然保护区于 1987 年成立，1988 年升为甘肃祁连山国家级自然保护区（简称"祁连山保护区"），地跨武威、金昌、张掖3市8县（区）。2014年5月，经国务院批准对祁连山保护区范围和功能区进行了调整，调整后总面积扩大至198.72万公顷，核心区为50.4万公顷、缓冲区为38.74万公顷、实验区为109.58万公顷，并设有外围保护地带66.6万公顷。

祁连山保护区内生态系统多样，国家重点保护野生动植物种类繁多，生态服务功能巨大。祁连山北麓形成了石羊河、黑河、疏勒河三大内陆河，灌溉了河西走廊和内蒙古自治区额济纳旗的70万公顷农田、110万公顷林地，滋养了河西走廊500多万人民。祁连山冰雪融水和降水形成的河西绿洲和祁连山共同构成了阻止库木塔格、巴丹吉林和腾格里三大沙漠合围的防线，也是拱卫青藏高原乃至"中华水塔"三江源生态安全的屏障，是西北地区乃至全国最为重要的生态安全屏障之一。

长期以来，祁连山局部生态破坏问题十分突出。在祁连山保护区成立之前，就存在以森林砍伐、盗伐为主的生态破坏行为。在保护区成立之后，由于存在大量的探采矿项目、水电项目和旅游项目，保护区内生态环境局部恶化。甘肃省相关部门提供的资料显示，20世纪90年代到21世纪初，保护区范围内仅肃南裕固族自治县境内就有532家大小矿山企业，张掖境内的干支流上先后建成了46座水电站。由于开发活动过重、人类活动干扰，不同程度影响到气候干旱、雪线上升、草原退化，对生态环境造成了严重破坏。

2015年9月，原环境保护部会同原国家林业局就保护区生态环境问题，对甘肃省林业厅、张掖市政府进行公开约谈。甘肃省没有引起足够重视，约谈整治方案瞒报、漏报 31 个探采矿项目，生态修复和整治工作进展缓慢，截至 2016 年底仍有 72 处生产设施未按要求清理到位。

针对祁连山的生态破坏问题，习近平总书记多次作出重要批示，要求抓紧整改。在中央有关部门督促下，甘肃省虽然做了一些工作，但情况没有明显改善。2017 年 1 月央视曝光祁连山生态环境问题后，2017 年 2 月 12 日至 3 月 3 日，党中央、国务院有关部门组成中央督查组就此开展专项督查。2017 年 6 月，中共中央办公厅、国务院办公厅印发了《关于甘肃祁连山国家级自然保护区生态环境问题督查处理情况及其教训的通报》。针对祁连山生态破坏事件，党中央对相关单位和责任人进行了严肃问责。据统计，共有 97 名相关责任人被追责问责，其中包括省管干部 25 人、县处级干部 41 人。

（资料来源：张伟.甘肃整治祁连山国家级自然保护区生态环境破坏问题，百家号，2019-10-21）

三、绿色践行系列举措

（一）三大保卫战

2018 年 6 月公布的《中共中央 国务院关于全面加强生态环境保护坚决打好污染防治攻坚战的意见》提出，坚决打赢蓝天保卫战，着力打好碧水保卫战，扎实推进净土保卫战。习近平总书记在庆祝改革开放 40 周年大会上指出："我们要加强生态文明建设，牢固树立绿水青山就是金山银山的理念，形成绿色发展方式和生活方式，把我们伟大祖国建设得更加美丽，让人民生活在天更蓝、山更绿、水更清的优美环境之中。"

1.蓝天保卫战

2012 年,《重点区域大气污染防治规划（2011—2015 年）》印发实施，提出在"三区十群"深入推进大气污染协同控制工作，为推进联防联控机制建设奠定基础。京津冀广泛推行煤改气、煤改电；建立京津冀及周边地区区域预测预报中心；紧盯京津冀空气污染的传播通道，开展京津冀及周边地区"2+26"城市秋冬季大气污染综合治理攻坚行动；关闭小型燃煤锅炉；使用清洁能源取暖；取缔违法"小散乱污"企业等手段多措并举，改善区域空气质量。

2013 年 9 月，国务院发布《大气污染防治行动计划》，俗称"大气十条"。"大气十条"剑指雾霾产生的根源，拿出了 35 条"硬措施"。重点行业提标改造、地区产业结构调整、燃煤锅炉整治、扬尘综合整治等。2013 年 9 月，京津冀及周边地区大气污染防治协作小组成立；2014 年，长三角区域大气污染防治协作小组办公室成立，2016 年 1 月 1 日，新修订的《中华人民共和国大气污染防治法》正式实施，将"大气十条"实施以来行之有效的措施法制化，条文从修订前的七章 66 条扩展到了八章 129 条。

新大气法规定了地方政府对辖区大气环境质量负责、国务院环境保护主管部门对省级政府实行考核、未达标城市政府应当编制限期达标规划、上级环保部门对未完成任务的下级政府负责人实行约谈和区域限批等一系列制度措施，为大气污染防治工作全面转向以质量改善为核心提供了法律保障。

2018年，京津冀及周边地区大气污染防治协作小组调整为京津冀及周边地区大气污染防治领导小组。经过五年努力，我国"大气十条"目标全面实现，京津冀、长三角、珠三角地区$PM_{2.5}$浓度明显下降。为巩固阶段性成果，改善依然严峻的空气质量形势，2018年6月，国务院发布《打赢蓝天保卫战三年行动计划》，"打赢"二字，意味着更加敢于动真碰硬的坚决态度，更加敢于啃"硬骨头"的魄力。推进产业结构优化调整、能源结构调整、交通运输结构调整、全面统筹"油、路、车"治理，强化机动车污染防治、有效推进北方地区冬季清洁取暖、做好重污染天气应对……多项有力行动，使得"蓝天保卫战"的"作战图"日益清晰。

2021年11月，《中共中央 国务院关于深入打好污染防治攻坚战的意见》提出深入打好"蓝天保卫战"，其中明确了着力打好重污染天气消除攻坚战、着力打好臭氧污染防治攻坚战、持续打好柴油货车污染治理攻坚战和加强大气面源和噪声污染治理等要求。

生态环境部：针对移动污染源开展"五大行动"

《中国移动源环境管理年报（2022年）》显示，移动源污染成为我国大中城市空气污染的重要来源。由于排放设施的可移动性，移动源污染监测成本高、监测困难，该如何突破这一难点？在3月28日生态环境部举办的例行新闻发布会上，生态环境部大气环境司司长刘炳江表示，相比于固定源的治理，移动源的治理相对比较滞后，主要是通过推进排放标准实施，来实现新增移动源污染物的减排。

刘炳江介绍，近年来，移动源污染减排做了大量的工作。比如淘汰了3 500万辆老旧汽车、黄标车；车辆排放标准"三级跳"，相应油品标准"三级跳"；大力推进"公转铁"，铁路货运量自2016年以来实现六连增。但实施这些减排措施的同时，还有大量新增的车辆和机械，因此移动源排放一直处于高位。

为了减少移动源排放，生态环境部会同有关部门印发了《深入打好重污染天气消除、臭氧污染防治和柴油货车污染治理攻坚战行动方案》，针对移动源开展"五大行动"：

第一，推进公转铁行动。重点推进700多条铁路专用线建设，补齐港口码头、大宗货物运输企业的铁路专用线。

第二，柴油货车清洁化行动。目前，京津冀及周边地区有3万多辆新能源重卡，推广的主要用户是大宗货物运输的钢铁企业。现在优先使用新能源重卡，或者使用国六、国五车进行运输，国三老旧车、高排放车辆在推进淘汰。"蓝天保卫战"时期已经淘汰

100万辆，现在还在继续淘汰。

第三，非道路机械综合治理行动。非道路移动机械包括工程机械、农业机械、港口码头使用的机械和机场使用的机械等。今年，生态环境部已会同交通运输部召开部署工作会议，推进开展港口码头、船舶油气回收。

第四，重点用车企业强化监管行动。推动火电、钢铁、煤炭、焦化、有色、建材等重点行业企业清洁运输，强化重点工矿企业的应急管控，建立用车大户清单和货车的"白名单"，启动动态管理。

第五，柴油货车联合执法行动。柴油货车后面都有一个尿素罐，部分货车司机尿素罐里加的尿素品质不高或者是加量不足，对于这些情况将严格打击，坚决"零容忍"。

（资料来源：蔡琳.生态环境部：针对移动污染源开展"五大行动"，光明网，2023−03−28）

2.碧水保卫战

水，是万物之源，是生命之本。我国基本水情一直是夏汛冬枯、北缺南丰，水资源时空分布极不均衡，我国以占世界9%的耕地、6%的淡水资源，养育了世界近1/5的人口。党的十八大以来，习近平总书记站在中华民族永续发展的战略高度，提出"节水优先、空间均衡、系统治理、两手发力"治水思路，确立国家"江河战略"。治水兴水，功在当代、利在千秋。

水污染防治是一项系统工程，解决水污染问题需要系统思维，从全局和战略的高度进行顶层设计和谋划。坚持水资源保障、水环境治理、水生态修复"三水统筹"，坚持水资源保障即在巩固提升水环境质量方面，要以入河排污口整治为抓手，切实解决河流沿岸污水违规溢流直排等突出问题，有效管控入河污染物排放。同时，深入推进长江经济带工业园区水污染整治，全面启动沿黄省（区）工业园区水污染整治专项行动；水环境治理即在水生态保护修复方面，以长江流域为重点，推进水生态考核试点，引导地方切实履行水生态保护和修复责任，着力提升长江流域水生态系统的多样性、稳定性、持续性；水生态修复"三水统筹"即在推进落实重点流域水生态环境保护规划方面，制定实施规划重点任务措施清单，强化流域统一监管，完善突出问题，发现和推动解决工作机制；大力推进美丽河湖保护与建设；深入打好黑臭水体治理攻坚战。持续深入打好碧水保卫战。在巩固提升水环境质量的同时，重点突出水生态保护和修复。

以改善水环境质量为核心，统筹水资源管理、水污染治理和水生态保护。协同管理地表水与地下水、淡水与海水、大江大河与小沟小汉。系统控源，全面控制污染物排放。2015年2月，中央政治局常务委员会会议审议通过《水污染防治行动计划》，2015年4月16日国务院正式向社会公开全文，俗称"水十条"。涵盖全面控制污染物排放、推动经济结构转型升级、着力节约保护水资源、强化科技支撑、充分发挥市场机制作用、严格环境执法监管、切实加强水环境管理、全力保障水生态环境安全、明确和落实各方责任、强化公众参与和社会监督等十方面，简称"水十条"。用 10 大项、35 款政策目标，238 项具体措施，采取部门联动，打好治污"组合拳"的方式构建全民行动格局，落实政府、企业、公众责任，为水生态建设描绘出一幅清晰明确的路线图。"水十条"是为切实加大水污染防治力度，保障国家水安全而制定的法规；是我国环境保护领域的重大举措，充分彰显了国家全面实施水治理战略的决心和信心。"水十条"是建设生态文明和美丽中国的应有之义；落实依法治国，推进依法治水的具体方略；适应经济新常态的迫切需要；实施铁腕治污，向水污染宣战的行动纲领；推进水环境管理战略转型的路径平台；推动稳增长、促改革、调结构、惠民生的必然要求。

第二次修正的《中华人民共和国水污染防治法》自 2018 年 1 月 1 日起施行。该法规的制定为水环境安全提供了基础性的制度保障，标志着中国水污染防治工作走上法治化的轨道。该法规分为总则、水污染防治的标准和规划、水污染防治的监督管理、水污染防治措施、饮用水水源和其他特殊水体保护、水污染事故处置、法律责任及附则等八章，共 103 条。该法规对中国水污染防治工作进行了具体部署安排，确定了预防为主、防治结合、综合治理的水污染防治原则。目的是保护和改善环境，防治水污染，保护水生态，保障饮用水安全，维护公众健康，推进生态文明建设，促进经济社会可持续发展。随后，国务院制定和颁布《中华人民共和国水污染防治法实施细则》及《淮河流域水污染防治暂行条例》。

2020 年 12 月 26 日，《中华人民共和国长江保护法》经第十三届全国人大常委会第二十四次会议表决通过。成为我国第一部流域法律，为流域立法"开了好头"。

2022 年 10 月 30 日，第.十三届全国人大常委会第三十七次会议表决通过《中华人民共和国黄河保护法》（以下简称《黄河保护法》）。《黄河保护法》以水为核心、以河为纽带、以流域为基础，统筹推进山水林田湖草沙综合治理、系统治理、源头治理，充分反映了上下游、干支流、左右岸的关联性，让黄河流域生态保护和高质量发展有了更坚实的支撑。

2023 年 4 月，生态环境部联合国家发展和改革委员会、财政部、水利部、国家林业和草原局等部门印发了《重点流域水生态环境保护规划》。该文件规划明确了长江、黄河等七大流域和东南诸河、西北诸河、西南诸河三大片区的水生态环境保护有关要求，明确到 2025 年全国地表水优良水体（Ⅰ—Ⅲ类）比例达到85%，较 2020 年提高 1.6 个百分点，水环境质量保持持续改善势头。

2023 年 6 月，生态环境部、国家发展和改革委员会、水利部、农业农村部等四部门联合印发《长江流域水生态考核指标评分细则（试行）》（以下简称《评分细则》），开展长江流域水生态考核试点工作。长江流域水生态考核聚焦水生态系统健康和生物多样性恢复，统筹水资源、水环境、水生态治理，在长江干流、主要支流、重点湖库确定了50个考核水体，分区分类开展水生态监测评价。《评分细则》按河流、湖泊、水库进行分类评价。根据综合评价得分，将水生态综合评价分为优秀、良好和一般3个等级。2022—2024年在长江流域17省（自治区、直辖市）开展水生态考核试点，确定考核基数，2025年开展第一次考核。

上半年全国水环境质量持续改善

生态环境部21日发布的数据显示，今年上半年，全国地表水环境质量持续改善。今年1—6月，3 641个国家地表水考核断面中，水质优良（Ⅰ—Ⅲ类）断面比例为87.8%，同比上升2.1个百分点；劣Ⅴ类断面比例为1.0%，同比下降0.1个百分点。

从主要江河水质状况看，上半年，长江、黄河、珠江、松花江、淮河、海河、辽河七大流域及西北诸河、西南诸河和浙闽片河流水质优良（Ⅰ—Ⅲ类）断面比例为89.1%，同比上升1.8个百分点；劣Ⅴ类断面比例为0.7%，同比下降0.1个百分点。其中，长江流域、西南诸河、浙闽片河流、珠江流域和西北诸河水质为优；黄河、辽河、淮河和海河流域水质良好；松花江流域为轻度污染。

从重点湖库水质状况及营养状态看，1—6月，监测的208个重点湖库中，水质优良（Ⅰ—Ⅲ类）湖库个数占比80.3%，同比上升 4.1 个百分点；劣 V 类水质湖库个数占比 5.3%，同比上升 0.1 个百分点。204 个监测营养状态的湖库中，中度富营养的 6 个，轻度富营养的 39 个，其余为中营养或贫营养状态。

从地级及以上城市国家地表水考核断面排名看，全国地级及以上城市中，张掖市、柳州市和崇左市等 30 个城市国家地表水考核断面水环境质量相对较好（从第 1 名至第 30 名），五家渠市、商丘市和周口市等 30 个城市国家地表水考核断面水环境质量相对较差（从倒数第 1 名至倒数第 30 名）。

（资料来源：高敬.上半年全国水环境质量持续改善，新华社，2023-07-22）

3.净土保卫战

2016 年 5 月 28 日，国务院印发了《土壤污染防治行动计划》，对一个时期内我国土壤污染防治工作作出全面战略部署。此行动计划提出的工作目标为：到 2020 年，全国土壤污染加重趋势得到初步遏制，土壤环境质量总体保持稳定，农用地和建设用地土壤环境安全得到基本保障，土壤环境风险得到基本管控；到 2030 年，全国土壤环境质量稳中向好，农用地和建设用地土壤环境安全得到有效保障，土壤环境风险得到全面管控；到 21 世纪中叶，土壤环境质量全面改善，生态系统实现良性循环。

2018 年 8 月 31 日，第十三届全国人民代表大会常务委员会第五次会议通过《中华人民共和国土壤污染防治法》（以下简称《土壤污染防治法》），自 2019 年 1 月 1 日起施行，目的是制订土壤污染行动计划，这是我国首次制定专门的法律规范防治土壤污染，填补了我国环境污染防治法律，特别是土壤污染防治法律的空白，将土壤污染防治工作纳入法治化轨道，使土壤污染防治工作有法可依，有效遏制土壤环境恶化，俗称"土十条"。《土壤污染防治法》坚持"预防为主、保护优先、分类管理、风险管控、污染担责、公众参与"的原则，包含落实土壤污染防治的政府责任、建立土壤污染责任人制度、土壤污染防治主要管理制度、土壤有毒有害物质的防控制度、土壤污染的风险管控和修复制度、土壤污染防治基金制度六方面内容，共7章、99条。

2019年8月26日，第十三届全国人民代表大会常务委员会第十二次会议对《中华人民共和国土地管理法》进行第三次修正，其目的是加强土地管理，维护土地的社会主义公有制，保护、开发土地资源，合理利用土地，切实保护耕地，促进社会经济的可持续发展。办法中规定了土地用途，将土地分为农用地、建设用地和未利用地。严格限制农用地转为建设用地，控制建设用地总量，对耕地实行特殊保护。

2022年2月16日，国务院印发《关于开展第三次全国土壤普查的通知》（国发〔2022〕4号）（以下简称《通知》），部署开展了"土壤三普"工作，重点对耕地、园地、林地、草地等约110亿亩农用地和部分未利用地土壤开展一次"全面体检"。按照2022年完成基本准备工作和启动并完成全国盐碱地普查、

2023—2024 年形成阶段性成果、2025 年形成全国耕地质量报告和全国土壤利用适宜性评价报告三个阶段有序推进普查工作。《通知》明确普查的总体要求：全面查明查清我国土壤类型及分布规律、土壤资源现状及变化趋势，真实准确掌握土壤质量、性状和利用状况等基础数据，提升土壤资源保护和利用水平，为守住耕地红线、优化农业生产布局、确保国家粮食安全奠定坚实基础，为加快农业农村现代化、全面推进乡村振兴、促进生态文明建设提供有力支撑。

这次土壤普查是继 1958—1960 年开展的第一次普查和 1979—1984 年开展的第二次普查基础上的第三次普查。其中第一次普查是毛泽东同志亲自批转原农业部党组《关于土壤普查鉴定工作现场会议的报告》，重点围绕摸清耕地数量和农民改土用土的经验而开展。第二次普查依《国务院批转农业部关于全国土壤普查工作会议报告和关于开展全国第二次土壤普查工作方案》（国发〔1979〕111 号）的部署，开展全国土壤普查工作，重点普查了我国土壤资源的类型、数量、分布、肥力等基本性状，普查成果成为我国各种资源调查、评价和规划的基础数据。

在此基础上，目前北京、上海、四川等地也陆续出台了土壤污染防治地方性法规《土壤污染防治条例》，2022 年 4 月，浙江出台了《土壤健康行动实施意见》，这充分体现了地方政府在土壤污染防治上的勇于担当和敢于作为。

相关数据显示，截至 2020 年底，近 8 万个土壤环境监测国控点位被布设在大江南北，基本实现了所有土壤类型、县域和主要农产品产地的全覆盖；31 个省份的 2 783 个涉农县级单位全部完成耕地土壤环境质量类别划分；2016 年至今，国家累计下达 373 亿元的专项资金，用以支持土壤污染源头管控、风险管控及修复等。

重庆耕地安全利用率超 95%　高于国家下达目标

2023 年 1 月 18 日，记者从市农业农村委获悉，重庆市受污染耕地现已实现技术措施全覆盖，耕地安全利用率超 95%，高于国家下达的 92% 的目标要求。农用地土壤的环境质量影响着"米袋子""菜篮子""水缸子"的安全，防治耕地土壤污染是深入打好净土保卫战的重要内容。

"治理的前提是摸清底数。"重庆市农业农村委生态处相关负责人介绍，近年来，重庆市根据农用地块细碎的特征，针对重点区域增设 9 000 余对土壤及农产品协同加密点位，将农用地划分为优先保护类、安全利用类和严格管控类，形成了标准化、精准化、可视化的耕地土壤环境质量"一张图、一张表"。

在此基础上，通过布设 2 500 个市级农产品产地土壤环境质量固定监控点位和 3 200 余个安全利用率年度核算随机抽检点位、500 余个投入品抽检点位，还建立起覆盖全域的"国控+市控"耕地土壤环境质量监测网，形成了全市耕地土壤环境质量的长期监控体系。

在受污染耕地治理方面，重庆市依托国家及市级专家组建的重庆市农用地土壤污染防治专家指导组，在水稻、玉米等大田作物播种、发育和灌浆等污染防治关键时期，组织专家分片包干到粮食主产区县以及严格管控任务重点乡镇开展面对面技术指导，推动耕地安全利用和严格管控技术措施落实到位。同时，积极支持科研院所、社会修复主体开展典型污染区耕地治理与修复技术研究、安全利用技术及模式集成研究，形成了重金属镉低累积品种替换、土壤调理、水分调控、叶面阻控等 10 余种安全利用措施，近 3 年共推荐镉低积累水稻品种 16 个、玉米品种 16 个、马铃薯品种 4 个、甘薯品种 4 个、大白菜品种 4 个，为重庆地区农产品安全提供了有力支持。

重庆市农业农村委生态处相关负责人介绍，按照"技术可操作、经济可承受"的原则，近年来重庆市还组织各区县建立耕地安全利用示范区，在示范区内开展各类耕地污染利用与治理的单项技术和组合模式的试验示范，2022 年示范面积超 11 万亩。

（资料来源：栗园园.重庆耕地安全利用率超 95% 高于国家下达目标，重庆日报，2023-01-19）

（二）可再生能源大力利用

党的二十大报告提出，积极稳妥推进碳达峰碳中和，这对发展可再生能源提出了更高的要求。既要大规模开发，也要高水平消纳，还要保障电力可靠稳定供应，加快规划建设新型能源体系。

目前，我国全力推进可再生能源高质量跃升发展，我国可再生能源进入大规模跃升新阶段。我国生物质发电、水电、风电、光伏发电装机规模均已连续多年稳居全球首位。2022年，随着能源革命的深入推进，我国可再生能源发展实现新突破，装机总量历史性超过全国煤电装机，进入大规模高质量跃升发展新阶段。

可再生能源贡献

如今，从沙漠戈壁到蔚蓝大海，从世界屋脊到广袤平原，可再生能源展现出勃勃生机。向家坝、溪洛渡、乌东德、白鹤滩等特大型水电站陆续投产，甘肃酒泉、新疆哈密、河北张家口等一批千万千瓦级大型风电、光伏基地建成投运。我国生物质发电、水电、风电、光伏发电、装机规模均已连续多年稳居全球首位，我国生产的光伏组件、风力发电机、齿轮箱等关键零部件占全球市场份额70%。2023年新春伊始，全国大电网上又新增了不少清洁电能。金沙江上，白鹤滩水低碳发展指明了前进方向，提供了根本遵循。

2021年，我国已形成了200GW左右的光伏系统产能，其产品每年发出的电力大约会减少3.5亿吨碳排放。从制造过程看，生产200GW光伏系统大约需要消耗60万吨高纯晶硅，大约产生1 050万吨碳排放，但其产品每年发电减少的碳排放达到3.5亿吨。2022年，全国水电、风电、光伏发电、生物质发电等可再生能源年新增装机再创历史新高，占全国新增发电装机的 76%，成为我国新增电力装机的主体。截至 2022 年底，我国可再生能源装机达到了 12.13 亿千瓦，超过全国煤电装机，占全国发电总装机的 47.3%，年发电量 27 000 多亿度，占全社会用电量的 31.6%，相当于欧盟 2021 年全年用电量。截至 2021 年末，我国光伏发电累计装机容量已达 30 656 万千瓦。目前，我国全力推进可再生能源高质量跃升发展，正在以沙漠、戈壁、荒漠地区为重点，加快建设黄河上游、河西走廊、黄河"几"字弯、新疆等七大陆上新能源基地，藏东南、川滇黔桂两大水风光综合基地和海上风电基地集群。

（资料来源：新思想引领新征程，我国可再生能源进入大规模跃升新阶段（节选）.
央视网，2023-2-12）

根据《"十四五"可再生能源发展规划》，"十四五"期间可再生能源发电量增量在全社会用电量增量中的占比超过 50%，风电和太阳能发电量实现翻倍，2030 年风电和太阳能发电总装机容量达到 12 亿千瓦以上。

1. 光伏发电

在光伏行业中，光伏产品正在代替传统能源走向未来。随着技术的进步、能耗的进一步下降，光伏发电的成本也在逐步降低，为行业的发展带来持久的生命力。在能源不足的情况下，光伏产业可以对能源结构进行有效的调整，使人们不再过度依赖于不可再生的能源，从而促进新能源的研究和发展，维持生态平

衡，保护环境。

光伏发电属于清洁绿色能源，充分利用太阳能资源，优势之一是减少二氧化碳排放量。光伏发电是没有任何废弃物的清洁能源，在光伏系统输出电能时，可以避免当地电厂发出同等数量电能所产生温室气体的排放。优势之二是可以增加就业岗位。在光伏系统的设计、组件和配套部件的制造、运输、安装及维护过程中，都需要大量从业人员发展光伏产业。优势之三是节省燃料。常规发电需要燃烧矿物燃料，光伏发电不需要消耗任何燃料，可以节省自然资源，减少不可再生资源的消耗。优势之四是减少输电损失。光伏发电系统只要有太阳就能发电，属于分布式电源，不需要长途输配电设备，从而减少了线路损失。优势之五是确保能源的安全供应。光伏发电系统一旦安装，就能在至少25年内稳定、可靠地以固定的价格供电，不存在燃料短缺、运输紧张等问题，也不会像常规电厂那样受到国际市场上燃料价格波动的影响。而化石燃料由于蕴藏量逐渐减少，其价格将会稳步上升。

太阳能光伏发电正在蓬勃发展，方兴未艾。当然，光伏发电要真正代替常规发电还有很长的路要走，诸如传统供电线网与光伏发电线网之间的兼容还存在大量技术和非技术性障碍需要攻克。但是随着社会发展和技术进步，光伏发电的规模将不断扩大，成本也将逐步降低，会取得越来越显著的经济效益和社会效益，必将在未来的能源消费结构中起到重要作用。太阳能发电将

成为电力供应的主要来源，将极大程度缓解不可再生资源短缺的问题。

大型风光基地建设加快 光伏发电成本持续下降

国家能源局近日发布的《2023年能源工作指导意见》明确，2023年要巩固风电光伏产业发展优势，推动第一批以沙漠、戈壁、荒漠地区为重点的大型风电光伏基地项目并网投产，建设第二批、第三批项目。全年风电、光伏装机将增加1.6亿千瓦左右。相较于2022年的新增装机水平，新的目标规模进一步提升。

业内人士认为，技术提升是推动新能源跃升发展、助力"双碳"目标实现的关键，预计未来光伏发电成本还将持续下降。

近年来，我国能源绿色低碳转型取得了积极成效。2022年，全国风电、光伏发电新增装机达到1.25亿千瓦，连续三年突破1亿千瓦，再创历史新高。可再生能源装机2022年底突破12亿千瓦，占全国发电总装机的47.3%，较2021年提高2.5个百分点。

在日前召开的第八届中国能源发展与创新论坛上，隆基绿能科技股份有限公司党委书记、副总裁李文学认为，光伏将在全球能源转型中扮演重要角色。他表示，为实现碳中和目标，2050年世界能源结构中电力将成为主要能源载体，占比51%，其中，光伏电力需占未来可再生能源为主的电力系统近50%。2050年光伏总装机需增加至2018年的24倍。

为推动风电、光伏等可再生能源的大规模发展，我国正加快推进以沙漠、戈壁、荒漠地区为重点的大型风电光伏发电基地建设。水电水利规划设计总院党委委员、总规划师张益国介绍，我国在库布齐沙漠、乌兰布和沙漠、腾格里沙漠、巴丹吉林沙漠、采煤沉陷区以及其他沙漠戈壁规划布局了一批大型风电光伏发电基地，主要涉及内蒙古、甘肃、宁夏、陕西、山西、新疆、青海等省区。到2030年，规划建设风光基地总装机达到4.55亿千瓦。

近期，自然资源部与国家林草局、国家能源局共同出台了《关于支持光伏发电产业发展规范用地管理有关工作的通知》，优先将大型光伏基地用地列入重点项目计划清单；提倡在严格保护生态的前提下，鼓励在沙漠、戈壁、荒漠等区域建设大型光伏基地，鼓励采用林光/草光互补模式。

据国家能源局2月透露的信息显示，以沙漠、戈壁、荒漠地区为重点的大型风电光伏基地建设进展顺利。第一批9705万千瓦基地项目已全面开工、部分已建成投产，第二批基地部分项目陆续开工，第三批基地项目已形成清单。

国家能源局新能源和可再生能源司司长李创军在近日举行的"权威部门话开局"系列主题新闻发布会上表示，下一步，推动能源绿色低碳转型，要持续加大非化石能源供给，加快推动能源结构调整优化，2030年前非化石能源消费比重年均提高1个百分点左右。

值得注意的是，新能源技术创新成为能源转型的加速器，高效光伏发电、大容量风电等一批先进技术装备保持世界领先水平，自主三代核电、大规模储能等多项重大科技创新实现新突破。

按照国家能源局部署，下一步将加强绿色低碳技术创新和转型机制保障，加大低碳零碳负碳技术攻关力度，不断完善促进能源转型的体制机制和政策体系。

"未来，光伏发电成本还将持续下降。降本增效是光伏行业不变的本质，而技术持续进步是光伏发电成本下降的最大推力。"李文学表示，2022 年全球光伏市场中，中国新增光伏容量占比35%，组件产量占比 84%。光伏组件效率提升 1%，约相当于度电成本下降 4% 至 7%。

（资料来源：王璐，祁航.大型风光基地建设加快 光伏发电成本持续下降，经济参考报，2023-04-17）

2.风力发电

风力发电是通过特定的装置，将风能转变成机械能，再将机械能转变为电能。它的原理是利用风力带动风车的叶片旋转，再通过增速机将旋转速度提升到发电机的额定转速，又通过调速机构使其转速保持稳定，然后连接到发电机上发电。依据目前的风车技术，大约 3 米/秒的微风速度即开始发电。

风力发电的装置称为风力发电机组，可分风轮（包括尾舵）、发电机和铁塔 3 个部分。风速大于 4 米/秒时发电才经济合理。据测定，一台 55 千瓦的风力发电机组，当风速 9.5 米/秒时，机组的输出功率为 55 千瓦；风速 8 米/秒时，输出功率为 38 千瓦；风速 6 米/秒时，输出功率只有 16 千瓦；风速 5 米/秒时，输出功率仅为 9.5 千瓦。可见风力越大，经济效益越高。

我国的风力资源极为丰富，许多地区的平均风速都在 3 米/秒

以上，特别是东北、西北、西南地区和沿海岛屿，平均风速更大，适宜发展风力发电。风力发电的优点很多：清洁，环境效益好；可再生，永不枯竭；基建周期短；装机规模灵活。

2012 年 7 月，国务院发布《"十二五"国家战略性新兴产业发展规划》（国发〔2012〕28 号）。文件要求加强风电装备研发，增强大型风电机组整机和控制系统设计能力，提高发电机、齿轮箱、叶片以及轴承、变流器等关键零部件开发能力，在风电运行控制、大规模并网、储能技术方面取得重大突破。建设东北、西北、华北北部和沿海地区的八大千万千瓦级风电基地。在内陆山地、河谷、湖泊等风能资源相对丰富的地区，发挥距离电力负荷中心近、电网接入条件好的优势，因地制宜开发中小型风电项目，积极推动海上风电项目建设。

世界最高海拔风电场累计发电量超 1 亿千瓦时

2023 年 3 月 15 日，世界最高海拔风电场——三峡西藏措美哲古风电场累计发电量突破 1 亿千瓦时，相当于减排二氧化碳 8.32 万吨，节约标准煤 3.05 万吨。该项目于 2021 年底全面投产发电，总装机 22 兆瓦，与可研设计中发电量数据测算结果相比，提前 2 个多月达成"亿度电目标"，成为藏中电网重要的电源点，为西藏自治区经济社会可持续发展提供了清洁能源保障。

三峡西藏措美哲古风电场位于喜马拉雅山北麓的山南市措美县哲古镇，海拔 5 000—5 200 米，机舱位置最高海拔达 5 157.8 米。

该项目是西藏自治区首个超高海拔风电开发技术研究和科技示范项目，也是第一个并入西藏主电网的风电项目。它的成功建设，填补了超高海拔地区风力发电开发建设的行业空白，并且在科技创新、风机设计制造、项目建设管理等方面取得了新的突破，在超高海拔风力发电开发和建设史上具有里程碑意义，为我国后续超高海拔区域的风电开发、建设和运行管理提供了宝贵的工程建设和项目管理经验。

确保风电场的安全生产和稳定运行是保障发电效率的关键因素。据项目负责人尹舒展介绍，在高原无人区的电力安全生产方面，山南分公司研究并制定了 42 项电力生产制度、18 项综合应急预案以及 15 项现场处置方案，获得"电力安全生产标准化二级达标"资质。各项电力生产数据表明，三峡西藏措美哲古风电场运行的高原风电是成功的，其建设和运行管理经验值得借鉴。

有了三峡西藏措美哲古风电场的成功经验，三峡西藏能投按照"基地化、规模化、集中连片开发"的总体思路，开启了三峡西藏措美哲古二期 50 兆瓦风电项目建设，该项目预计在今年内实现全容量并网发电。

（资料来源：何亮.世界最高海拔！三峡西藏措美哲古风电场已发出超 1 亿度电，科技日报，2023—03—16）

（三）新能源汽车蓬勃发展

新能源汽车是我国汽车行业的战略性发展方向，也是新中国成立以来少数走在全球前列的优势领域。近年来，我国新能源汽车产业蓬勃发展。中国汽车工业协会数据显示，2023 年 1—4

月，新能源汽车产销量达 229.1 万辆和 222.2 万辆，同比均增长 42.8%，市场占有率达 27%；新能源汽车出口 34.8 万辆，同比增长 170%。经过多年发展，我国新能源汽车行业形成了以比亚迪为代表的一批品牌，在国际市场初具影响力。具体表现在产业规模全球领先，掌握了电池、电机和电控的核心技术，并在智能化技术上取得突破，整机和零部件出现一批龙头企业及形成了较强的国际竞争力。《新能源汽车产业发展规划（2021—2035 年）》提道，到 2025 年，我国新能源汽车市场竞争力明显增强，新能源汽车新车销售量达到汽车新车销售总量的 20% 左右，高度自动驾驶汽车实现限定区域和特定场景商业化应用，充换电服务便利性显著提高。

创新引领新能源汽车蓬勃发展

面向未来，新能源汽车将在扩大内需、拉动消费中发挥更大作用，为加快构建新发展格局提供有力支撑。

动力电池被称为新能源汽车的"心脏"。10 多年技术储备，3 年攻关，一朝突破……这是一家中国企业为研制动力电池的关键材料单晶三元材料而走过的历程。中国企业在关键材料上的技术突破，不仅让动力电池这颗"心脏"更加强劲，也充分彰显了我国新能源汽车产业蓬勃发展的好势头。

发展新能源汽车是我国从汽车大国迈向汽车强国的必由之路，是应对气候变化、推动绿色发展的战略举措。近年来，我国新能源汽车进入加速发展新阶段，成交量连续 5 年居全球第一，累计推广超 480 万辆，占全球一半以上。2020 年受新冠疫情影响，汽车市场受到较大冲击，但新能源汽车产销量同比分别增长 7.5% 和 10.9%，全行业披露融资总额首次突破千亿元，一批国产新能源汽车品牌强势崛起，成为促进汽车产业回暖、推动经济复苏的一支重要力量。

回望历史，我国汽车工业在短短几十年里，走过了西方汽车工业上百年的发展历程。尽管取得巨大进步，但与发达国家相比，我国汽车发动机等核心技术、品牌影响力还存在一定差距，还面临"大而不强"的局面。新能源汽车之所以被寄予厚望，就在于包括动力电池、驱动电机、电控系统等在内的核心零部件都属于新兴领域，为市场参与者开辟了全新赛道，为后来者提供了"弯道超车"的可能。同时，我国在充换电站、5G 通信等基础设施建设方面拥有优势，又有超大规模市场做依托，为国产新能源汽车提供了"深踩油门""快速突围"的条件。

从消费和使用角度看，新能源汽车之"新"，不仅新在能源，更新在对交通出行方式的改变。电动化、智能化、网联化趋势不可阻挡，新能源汽车不仅仅是"四个轮子、两排沙发"，更是能够自动更新的智能终端，还能够给人们带来更清朗的天空。从自动驾驶到智能座舱，从人车交互到远程操控，新能源汽车智能化程度不断提高，打造出更加舒适、便捷、智慧的驾乘体验。数据显示，我国新能源汽车私人消费比例已升至近 70%，越来越多消费者把环保、科技含量作为选购汽车的重要考量因素。面向未来，新能源汽车将

在扩大内需、拉动消费中发挥更大作用，为加快构建新发展格局提供有力支撑。

从供给和生产角度看，新能源汽车带来的不仅是行业之变，更是"生态"之变。新能源汽车产业正由零部件、整车研发生产及营销服务企业之间的"链式关系"，逐步演变成汽车、能源、交通、信息通信等多领域多主体参与的"网状生态"。当前，国内整车厂商与互联网公司展开深度合作的案例并不鲜见。新能源汽车的发展，正在带动产业链上的制造业企业转型升级，实现更多跨领域、跨行业的资源整合，成为撬动实现高质量发展的新支点。

新能源汽车是技术密集型产业，唯有创新方能行稳致远。我国新能源汽车产业拥有诸多优势，但在汽车芯片、制造工艺等领域也存在短板。2020年底印发的《新能源汽车产业发展规划（2021—2035年）》，将"提高技术创新能力"列为5项战略任务之首。扎扎实实提升工艺，心无旁骛升级技术，全心全意完善服务，我国新能源汽车企业必能在市场竞逐中脱颖而出，成为中国制造的又一张亮眼名片。

（资料来源：彭飞.创新引领新能源汽车蓬勃发展.人民日报，2021-03-01）

（四）共享单车覆盖迅速

共享出行大市场是多元和包容的，应该有各种类型、适合不同场景和出行距离的出行工具。其中用"两轮"共享电动单车，有效替代"四轮"燃油汽车的使用，共享单车减少了机动车的使用，有利于减少城市空气污染和噪声污染。既节能减排，减少雾霾天，又能轻松高效解决城市出行难题。共享单车符合国家提倡的绿色出行理念，完全应合"双碳目标"，而且还可以促进大众健康，作为便捷的出行方式，兼具锻炼身体的功能，经常骑行可以实现锻炼的目的。共享单车由于能够极大程度地方便人们短途出行而备受人们青睐，也符合低碳出行的需求，共享单车的推广和普及，提高了人们的环保意识和绿色生活方式，在我国许多地势较为平坦的城市覆盖较快。最初以纯耗人力的形式出现，现在已经升级为电动车模式，极大地节省了体力，备受短途上班族的喜爱。

共享单车的便利在很多城市已经融入了人们的生活中，但是少数人对此很反感，因为共享单车的乱停导致了其生活的不便，总体来说，人们对共享单车还是持欢迎和包容态度的。共享单车的兴起不仅救活了一批自行车厂商，也带动了自行车和智能锁上下游的发展。共享单车方便了人们的出行，也解决了交通"最后一公里"的出行问题。

四川成都双流区：打造共享单车管理示范街

近日，记者在四川省成都市地铁龙桥路站出口看到，附近的人行道旁，一辆辆共享单车整齐地停放在白色停车线框区域内。整齐、规范停放共享单车，不仅提升了周边环境，也为市民的骑行带来了快捷与方便。

成都市双流区城市管理行政执法局市容科工作人员沈欣睿告诉记者，从4月开始，双流区在龙桥路奥特莱斯段、双楠大道奥特莱斯段、双楠大道中段、金河路二段、金河路三段5个路段，全力打造5条共享单车停放管理示范街，目前已经全部完成。

双流区城市管理行政执法局在前期实地调查、收集市民意见的基础上，针对共享单车问题打出了一套"组合拳"，不断提升市民满意度。具体来说，通过实施电子化停车，让停放管理精准高效；通过设置专用停放点，让停放管理更加规范；通过实施共享单车包片管理，增进政企互信。

针对共享单车乱停乱放问题，相关部门引导和帮助共享单车企业，实现精准高效停放。比如，投放共享单车的哈啰、青桔、美团等单车企业均通过科技赋能，采用"北斗高精度定位技术"，启动"电子围栏"管理模式，并将原有"马蹄锁"全部更换为全新的搭载北斗高精度导航定位芯片的"智能中控分体锁"。这样一来，通过设定虚拟围栏以及"入栏结算锁车"，可实现停车区域的厘米级精准定位，进而引导用户"停车入框，规范停车，文明骑行"。在早晚高峰期，有助于单车企业加强车辆调度，有效解决单车随意堆积、乱停放，甚至堵塞交通要道等现象。

与此同时，为更好地管理社会车辆与共享单车，双流区城市管理行政执法局在重点区域设置了专门的共享单车停放点。通过共享单车停放指示牌、共享单车专用地面标线、花箱隔离等措施，引导市民规范停放共享单车与社会车辆，并安排共享单车运维人员对乱停放的市民进行文明劝导，有效减少了街面上单车乱停乱放的现象。

（资料来源：许继刚，曾毅.四川成都双流区打造共享单车管理示范街，双流融媒号，2023-06-30）

（五）建立健全绿色发展的生态文明制度

法律是党的主张和人民意志的集中体现，凝聚着长期的实践经验和广泛的社会共识，一部法律对相应领域的工作都有全面的制度性规定，且带有强制性。全面贯彻落实到位，相应领域工作的质量和水平就一定能够得到显著提升。党的十八大以来，以习近平同志为核心的党中央谋划开展了一系列根本性、开创性、长远性工作，推动我国生态文明建设从认识到实践都发生了历史性、转折性、全局性的变化。特别是环境保护领域的立法，其中环境保护法是一部在生态环保领域起统领作用的基础性、综合性法律，全面落实环保法，推动在法治轨道上防治污染、保护生态环境和人民生命健康安全，更好地建设美丽中国。

全国人大及其常委会统筹推进相关立法和监督工作，助力打好打赢污染防治攻坚战，持续加大执法检查力度，推进生态文明建设，实效不断增强。

要坚持紧扣法律规定开展执法检查，突出法律关于促进绿色低碳发展的政策措施、污染防治的制度措施、生态保护和修复的制度措施、政府法定职责的落实情况，确保法律规定的重要制度、措施、责任落实见效。要注重全面系统地理解法律、实施法

律，对照法律规定逐条逐项检查法律制度是否有效落实、法定职责是否切实履行、法律责任是否严格追究，对检查发现的问题要跟踪监督整改，继续完善生态环保法律体系，坚持问计于民、问政于民，充分吸纳民意、汇集民智，解决老百姓身边的突出生态环境问题，使建设美丽中国成为全体人民的自觉行动。

四、美丽中国建设步伐坚实

（一）污染防治攻坚向纵深推进

坚决向污染宣战，深入实施大气、水、土壤污染防治行动计划，全力打好蓝天、碧水、净土保卫战，努力解决关系民生的突出生态环境问题。2021 年，全国地级以上城市 $PM_{2.5}$ 的平均浓度比 2015 年下降了 34.8%，空气质量优良天数的比率达到了87.5%；地表水 I—III 类断面比例达到 84.9%，劣 V 类水体比例下降到 1.2%；土壤污染风险得到有效管控，全面禁止洋垃圾入境，实现固体废物"零进口"目标。这些年来，我们的蓝天多了，水清了，土也净了，人民群众生态环境的获得感、幸福感、安全感持续增强。

（二）生态系统保护修复力度不断加大

国家实施了生态保护红线制度，建立健全以国家公园为主体的自然保护地体系。截至目前，各级各类自然保护区的面积约占全国陆域国土面积的 18%，设立了三江源、大熊猫等第一批 5 家国家公园。坚持山水林田湖草沙一体化保护和系统治理，实施了生物多样性保护重大工程，300 多种珍稀濒危野生动植物野外种群数量得到恢复与增长，云南"野象旅行团"北巡，"微笑天使"长江江豚频繁亮相，藏羚羊繁衍迁徙，白洋淀鳑鲏鱼等土著鱼类逐渐恢复，我国生物多样性保护取得了扎扎实实的成效。

（三）绿色循环低碳发展迈出坚实步伐

充分发挥生态环境保护引领、优化和倒逼作用，坚持不懈推动经济结构调整，把碳达峰碳中和纳入生态文明建设整体布局和经济社会发展全局，以减污降碳协同增效促进经济社会发展全面绿色转型。2021 年，全国单位 GDP 二氧化碳排放量比 2012 年下降 34.4%，煤炭在一次能源消费中的占比从 68.5% 下降到 56%，可再生能源开发利用规模、新能源汽车产销量均居世界第一，绿色逐步成为高质量发展的鲜明底色。

十年来，全党全国建设美丽中国的自觉性和主动性显著增强，全面落实党中央决策部署，绿色版图不断扩展，城乡环境更加宜居，一幅幅人与自然和谐共生的美景生动展现。

五、国际担当——共建地球生命共同体

（一）人类生活只有一个地球

人类只有一个地球，各国共处一个世界。地球是人类的共同家园，也是人类到目前为止唯一的家园。习近平总书记指出："人类生活在同一个地球村里，生活在历史和现实交汇的同一个时空里，越来越成为你中有我、我中有你的命运共同体。"

今天，经济全球化大潮滚滚向前，新科技革命和产业变革深入发展，全球治理体系深刻重塑，国际格局加速演变，和平发展大势不可逆转。人类交往的世界性比过去任何时候都更深入、更广泛，各国相互联系和彼此依存比过去任何时候都更频繁、更紧密，和平、发展、合作、共赢已成为时代潮流。一体化的世界已经形成，谁拒绝这个世界，这个世界也会拒绝他。

习近平总书记指出："没有哪个国家能够独自应对人类面临的各种挑战，也没有哪个国家能够退回到自我封闭的孤岛。"世界各国要顺应时代发展潮流，作出正确选择，齐心协力应对挑战，开展全球性协作，构建人类命运共同体。

人类命运共同体，顾名思义，就是每个民族、每个国家的前途命运都紧紧联系在一起，应该风雨同舟，荣辱与共，努力把我们生于斯、长于斯的这个星球建成一个和睦的大家庭，把世界各国人民对美好生活的向往变成现实。"构建人类命运共同体"这一倡议已被多次写入联合国文件，正在从理念转化为行动，产生日益广泛而深远的国际影响，成为中国引领时代潮流和人类文明进步方向的鲜明旗帜。

面对气候变化等全球性危机和挑战，习近平总书记指出："地球是我们的共同家园。我们要秉持人类命运共同体理念，携手应对气候环境领域挑战，守护好这颗蓝色星球。"

有中国主张，更有中国担当、中国行动。2020 年 9 月 22 日，在第七十五届联合国大会一般性辩论上，习近平总书记向全世界郑重宣布——中国将提高国家自主贡献力度，采取更加有力的政策和措施，二氧化碳排放力争于 2030 年前达到峰值，努力争取 2060 年前实现碳中和。"中国承诺实现从碳达峰到碳中和的时间，远远短于发达国家所用时间，需要中方付出艰苦努力。"习近平总书记说。

既要做好碳排放的"减法"，也要做好"扩绿"的"加法"。作为《巴黎协定》的积极践行者，中国向全世界承诺：到 2030 年，中国单位国内生产总值二氧化碳排放将比 2005 年下降 65% 以上，非化石能源占一次能源消费比重将达到 25% 左右，森林蓄积量将比 2005 年增加 60 亿立方米，风电、太阳能发电总装机容量将达到 12 亿千瓦以上。

"我们要牢固树立绿水青山就是金山银山理念，坚定不移走

生态优先、绿色发展之路，增加森林面积、提高森林质量，提升生态系统碳汇增量，为实现我国碳达峰碳中和目标、维护全球生态安全作出更大贡献。"习近平总书记话语坚定。

（二）共建美丽地球我们共同行动

中国作为世界上最大的发展中国家，深度参与全球气候治理，同世界各国共同推进全球生物多样性治理，积极共建绿色"一带一路"，承担大国责任，展现大国担当。

积极参与全球气候治理。气候变化问题是全球生态环境治理领域的突出问题，是全人类共同面临的重大挑战。中国重信守诺，已经将应对气候变化全面融入国家经济社会发展战略，实施一系列应对气候变化的战略、措施和行动，倡议各方携手应对气候变化挑战，努力推动构建公平合理、合作共赢的全球气候治理体系。中国提前完成 2020 年应对气候变化和设立自然保护区相关目标，人工林面积居全球第一，是对全球臭氧层保护贡献最大的国家。中国宣布提高国家自主贡献力度，到 2030 年单位国内生产总值二氧化碳排放将比 2005 年下降 65% 以上，非化石能源占一次能源消费比重将达到 25% 左右，力争 2030 年前实现碳达峰，努力争取 2060 年前实现碳中和。这充分体现了负责任大国的担当，为应对全球气候变化重大挑战作出中国贡献。

积极推进全球生物多样性治理。"万物各得其和以生，各得其养以成。"生物多样性使地球充满生机，也是人类生存和发展的基础，保护生物多样性有助于维护地球家园。当前，全球物种灭绝速度不断加快，生物多样性丧失和生态系统退化对人类生存和发展构成重大风险。中国成功承办联合国《生物多样性公约》第十五次缔约方大会，推动国际社会达成"昆明-蒙特利尔全球生物多样性框架"等一揽子具有里程碑意义的成果，为全球生物多样性治理确定了目标、明确了途径。中国积极落实联合国生态系统恢复十年行动计划，实施生物多样性保护修复重大工程，支持发展中国家生物多样性保护事业，推动全球生物多样性治理迈上新台阶。

打造绿色"一带一路"。"一带一路"是一条绿色发展之路。习近平总书记指出："我们要着力深化环保合作，践行绿色发展理念，加大生态环境保护力度，携手打造绿色丝绸之路。"通过建设更紧密的绿色发展伙伴关系，完善"一带一路"绿色发展国际联盟，把支持联合国 2030 年可持续发展议程融入共建"一带一路"，同有关国家一道实施"一带一路"应对气候变化"南南合作"计划，统筹推进经济增长、社会发展、环境保护，让各国都从中受益，实现共同发展。通过共建"一带一路"生态环保大数据服务平台，继续实施绿色丝路使者计划，推动"一带一路"绿色投资，为"一带一路"沿线国家和地区绿色发展提供有力支撑，让绿色切实成为共建"一带一路"的底色。

"行而不辍，未来可期。"继续促进可持续发展，把一个清洁美丽的世界留给子孙后代，需要国际社会加强合作，秉持生态文明理念，以绿色转型为驱动，以人民福祉为中心，以国际法为基础，共建地球生命共同体，共建清洁美丽世界，书写人与自然和谐共生的美好画卷。

当前，世界气象组织、G20 峰会、博鳌亚洲论坛等都是国际社会推进全球可持续发展的重要平台。

1.世界气象组织

世界气象组织（World Meteorological Organization，WMO）是联合国的专门机构之一，是联合国系统有关地球大气现状和特性，它与海洋的相互作用，它产生的气候及由此形成的水资源的分布方面的权威机构。

WMO 现有国家会员 187 个，地区会员 6 个（截至 2021 年底）。它的前身是诞生于 1873 年的国际气象组织（IMO）。世界气象组织建立于 1950 年，次年成为联合国有关气象（天气和气候）、业务水文和相关地球物理科学的专门机构。

中国是 1947 年世界气象组织公约签字国之一，于 1972 年 2 月 24 日加入世界气象组织。中国香港和中国澳门是地区会员。自 1973 年起，中国一直是该组织执行理事会成员。世界气象组织历届主席和秘书长及高级官员均多次访华，受到中国国家领导人的接见。在 2004 年 6 月召开的世界气象组织执行理事会第 56

次届会上，中国气象局原副局长颜宏被任命为世界气象组织副秘书长。2007 年 5 月 7 日至 25 日，中国派团出席世界气象组织第十五次世界气象大会。会上，颜宏连任世界气象组织副秘书长，中国气象局时任局长郑国光当选世界气象组织执行理事会成员。2014 年 6 月 18 日，世界气象组织执行理事会第 66 次届会在瑞士日内瓦召开，会议讨论了全球气候服务框架、2012 — 2015 年世界气象组织战略计划的实施、第 17 次世界气象大会的筹备等事宜，郑国光率团出席了会议。2015 年 5 月 25 日至 6 月 12 日，第十七次世界气象大会在瑞士日内瓦召开，国务院时任副总理汪洋向第十七次世界气象大会致贺电，郑国光率中国代表团出席会议。郑国光连任世界气象组织执行理事会成员。

改革开放 40 多年来，我国建成了世界上规模最大、覆盖最全的综合气象观测系统，2 400 多个国家级地面气象观测站全部实现自动化，区域自动气象观测站达到近 6 万个，乡镇覆盖率达到 96%。成功发射 17 颗风云系列气象卫星，8 颗在轨运行，198 部新一代多普勒天气雷达组成了严密的气象灾害监测网，初步建立了生态、环境、农业、海洋、交通、旅游等专业气象监测网。被世界气象组织正式认定为世界气象中心，成为全球 9 个世界气象中心之一，标志着中国气象现代化的整体水平迈入世界先进行列。

《综合气象观测业务发展"十四五"规划》印发

《人民日报》北京2022年12月5日电 中国气象局、国家发展和改革委员会近日联合印发《综合气象观测业务发展"十四五"规划》(以下简称《规划》)。《规划》明确,到2025年,建成布局科学、综合立体、智慧协同的精密气象监测系统,整体实力达到国际先进水平,部分领域达到领先水平。

《规划》提出,将强化科技创新,着力推进观测站网、运行保障、观测产品等方面高质量发展,实现综合气象观测系统智慧协同,健全体制机制,统筹推进全社会综合气象观测发展,为推动气象高质量发展夯实气象观测基础。

《规划》从6个方面部署主要任务,包括强化天气观测能力、提升气候及气候变化观测能力、拓展专业气象观测能力、增强空间气象观测能力、强化智慧协同观测及观测数据应用、加强运行保障与科技支撑能力等。《规划》提到,将开展地基遥感垂直廓线观测,加强海洋气象观测,加强风能、太阳能气象观测,发展先进气象观测技术和智能观测装备等。

党的十八大以来,我国综合气象观测业务取得长足进步,建成覆盖陆海空天的综合气象观测系统,气象综合观测总体能力接近世界先进水平。

(资料来源:李红梅.《综合气象观测业务发展"十四五"规划》印发,人民日报,2022-12-06)

2.G20 峰会

G20 峰会是一个国际经济合作论坛，于 1999 年 12 月 16 日在德国柏林成立，属于布雷顿森林体系框架内非正式对话的一种机制，由原八国集团以及其余十二个重要经济体组成。旨在推动已工业化的发达国家和新兴市场国家之间就实质性问题进行开放及有建设性的讨论和研究，以寻求合作并促进国际金融稳定和经济的持续增长。

2019 年 6 月 28 日至 29 日，二十国集团（G20）领导人峰会在日本大阪举行。据了解，G20 大阪峰会设置了八大主题，想来，不少人深刻认识到 G20 还是从我国 2016 年在浙江省杭州市主办了第十一次峰会开始的。虽然 G20 峰会历来都是"经济"唱主角，不过全国经济发展导向正不断向"可持续""绿色化""高质量"发展，所以近年来该会议上关于环保的命题也融入其中。

2020 年 11 月 21 日至 22 日，二十国集团领导人第十五次峰会以视频会议的方式举行。以 2022 年联合国第二十六次气候变化缔约方大会和第十五次《生物多样性公约》缔约方大会为契机，加大生态环境领域国际合作。中方呼吁全面禁止非法交易野生动物。

2021 年 10 月 30 日，二十国集团领导人第十六次峰会于 10 月 30 日至 31 日在意大利首都罗马以线上线下相结合的方式举行，会议就"发达国家应该在减排问题上作出表率，充分照顾发

展中国家的特殊困难和关切，落实气候融资承诺，并在技术、能力建设等方面为发展中国家提供支持"达成一致意见。

2022年11月15日，二十国集团领导人第十七次峰会在印尼巴厘岛开幕，主题是"共同复苏、强劲复苏"。峰会期间，主办国印尼投入使用近千辆包括大巴车、微型小汽车和摩托车在内的新能源交通工具，意在展现节能减排和能源转型的成果和决心。峰会召开前夕，联合国秘书长古特雷斯于14日在巴厘岛举行新闻发布会，呼吁二十国集团支持联合国在应对气候变化、全球粮食和能源危机以及促进可持续发展和数字化转型方面的倡议。

2023年9月9日上午，二十国集团领导人第十八次峰会在印度新德里的国际会议展览中心开幕。本次峰会的主题是"同一个地球，同一个家园，同一个未来"。国务院总理李强在印度新德里出席本次峰会第一阶段会议并发表讲话。李强指出，我们要共同守护地球绿色家园，促进绿色低碳发展，保护海洋生态环境，做推动全球可持续发展的伙伴。李强强调，中国愿同各方一道，为人类共同的地球、共同的家园、共同的未来，付出更大努力、作出更大贡献。

3. 博鳌亚洲论坛

博鳌亚洲论坛（Boao Forum For Asia，BFA）是一个总部设在中国的非官方、非营利性、定期、定址国际组织，由29个成员国共同发起，于2001年2月在海南省琼海市博鳌镇正式宣布成立。博鳌镇为论坛总部的永久所在地，每年定期举行年会。论坛成立的初衷，是促进亚洲经济一体化。论坛当今的使命，是为亚洲和世界发展凝聚正能量。

博鳌亚洲论坛为政府、企业及专家学者等提供一个共商经济、社会、环境及其他相关问题的高层对话平台。论坛成立的初衷，是促进亚洲经济一体化。博鳌亚洲论坛规模和影响不断扩大，也成为生态环境保护的重要国际组织，成为中国为世界环境保护作出的又一贡献。

促进人与生态和谐共融，这是大趋势，因此国际性会议越来越多关注环保理念、绿色发展也是顺势而为。而谈经济、谈社会，显然也将绑定可持续、高质量、清洁生产这样的关键词，面向未来，坚持双赢。

世界好，中国才能好；中国好，世界才更好。面向未来，中国将一如既往为世界和平安宁作贡献，一如既往为世界共同发展作贡献，一如既往为世界文明交流互鉴作贡献，同世界各国人民一道，推动构建人类命运共同体，携手建设更加美好的世界！

1.为什么说绿色是中国生态文明建设的应有之色？

2.如何理解绿水青山就是金山银山？

3.详细描述三大保卫战具体指什么。

4.生态文明建设中，中国的担当具体体现在哪些方面？

思考

· 结语 ·

　　美丽中国是中国梦的应有之义，建设美丽中国涉及思维观念、发展方式、治理体系等方方面面，是一个极其复杂的系统工程，必须加强总体谋划、搞好顶层设计。当前和今后一个时期，最重要的是加快构建包括生态文化体系、生态经济体系、目标责任体系、生态文明制度体系和生态安全体系在内的生态文明体系。通过这一体系的深入实施，到 2035 年美丽中国目标将基本实现，到本世纪中叶美丽中国将完全变为现实。在中华民族伟大复兴的现代化新的征程上，我们还必须清醒地看到与过去一段时间相比，全国主要城市空气质量明显好转，细颗粒物（$PM_{2.5}$）浓度继续下降，控制二氧化碳排放强度取得积极成效，全国地表水优良水质断面比例大幅度提升，土壤污染也得到有效控制。但重污染天气、黑臭水体、垃圾围城、农村环境问题等仍然存在，这是影响老百姓对美好生活期盼的一个不和谐的因素。因此在现代化新的征程上，我们必须坚持发扬钉钉子精神，以"咬定青山不放松，不获全胜不收兵"的气概，坚持"双碳"战略，像爱护自己的眼睛一样爱护地球。推进技术创新，不断加大科技在生态环境保护中的作用，打造山水林田湖草沙共同体，提高环境治理水平，降低污染物排放量，实施生态系统保护和修复重大工程，优化生态安全屏障，构建生态廊道和生物多样性保护网络，打好蓝天、碧水、净土保卫战，为老百姓留住鸟语花香、田园风光。有效防范生态环境风险，妥善应对各种形式的生态环境挑战。

　　"生态兴则文明兴，生态衰则文明衰。"回望历史，我们一直为追求江河壮丽，河山锦绣而不懈努力；放眼未来，美丽中国的画卷更加令人向往。相信在习近平生态文明思想的指引下，我们众志成城，一代接着一代干，驰而不息地推进生态文明建设，严格管控生态保护红线，伟大祖国在我们的装扮下一定会变得更加美丽，子孙后代也会享受到天更蓝、山更绿、水更清的优美环境。

参考文献

1.著作

［1］习近平.习近平谈治国理政（第一卷）［M］.北京：外文出版社，2014：207-211.

［2］习近平.习近平谈治国理政（第二卷）［M］.北京：外文出版社，2017：389-397.

［3］习近平.习近平谈治国理政（第三卷）［M］.北京：外文出版社，2020：359-377.

［4］习近平.论把握新发展阶段、贯彻新发展理念、构建新发展格局［M］.北京：中央文献出版社，2021：179-543.

［5］习近平.论坚持党对一切工作的领导［M］.北京：中央文献出版社，2019：248-249.

［6］习近平.论坚持推动构建人类命运共同体［M］.北京：中央文献出版社，2018：289-528.

［7］习近平.干在实处 走在前列——推进浙江新发展的思考与实践［M］.北京：中共中央党校出版社，2006：71-230.

［8］习近平.之江新语［M］.杭州：浙江人民出版社，2007：13-223.

［9］习近平.知之深 爱之切［M］.石家庄：河北人民出版社，2015：137-144.

[10]习近平.携手构建合作共赢、公平合理的气候变化治理机制[M].北京：人民出版社，2015：1-8.

[11]习近平.携手建设更加美好的世界——在中国共产党与世界政党高层对话会上的主旨讲话[M].北京：人民出版社，2017：6.

[12]习近平.习近平在联合国成立70周年系列峰会上的讲话[M].北京：人民出版社，2015：18-19.

[13]习近平.在深入推动长江经济带发展座谈会上的讲话[M].北京：人民出版社，2018：1-24.

[14]习近平.在省部级主要领导干部学习贯彻党的十八届五中全会精神专题研讨班上的讲话[M].北京：人民出版社，2016.

[15]习近平.开放共创繁荣 创新引领未来——在博鳌亚洲论坛2018年年会开幕式上的主旨演讲[M].北京：人民出版社，2018：4.

[16]中共中央文献研究室.习近平关于社会主义生态文明建设论述摘编[M].北京：中央文献出版社，2017.

[17]中共中央宣传部.习近平新时代中国特色社会主义思想三十讲[M].北京：学习出版社，2018：242-249.

[18]李军.走向生态文明新时代的科学指南：学习习近平同志生态文明建设重要论述[M].北京：中国人民大学出版社，2014.

［19］潘家华.生态文明建设的理论构建与实践探索［M］.北京：中国社会科学出版社，2019.

［20］中共中央组织部.贯彻落实习近平新时代中国特色社会主义思想在改革发展稳定中攻坚克难案例·生态文明建设［M］.北京：党建读物出版社，2019.

［21］恩格斯.自然辩证法［M］.北京：人民出版社，2018.

［22］孔子.论语［M］.北京：中华书局，2016.

［23］老子.道德经［M］.长春：吉林美术出版社，2015.

［24］李培林.坚持以人民为中心的新发展理念［M］.北京：中国社会科学出版社，2019：138-180.

2.网络文献

［25］习近平.决胜全面建成小康社会 夺取新时代中国特色社会主义伟大胜利——在中国共产党第十九次全国代表大会上的报告［EB/OL］.（2017-10-27）【2023-06-26】.https://www.gov.cn/xinwen/2017-10/27/ content_5234876.htm.

［26］胡锦涛.坚定不移沿着中国特色社会主义道路前进 为全面建成小康社会而奋斗——在中国共产党第十八次全国代表大会上的报告［EB/OL］.（2012-11-09）【2023-06-26】.https://www.ndrc.gov.cn/xwdt/ gdzt/18djszl/201211/t20121109_1197985_ext.html.

［27］胡锦涛.高举中国特色社会主义伟大旗帜 为夺取全面建设小康社会新胜利而奋斗——在中国共产党第十七次全国代表大会上的报告［EB/OL］.（2007-10-26）【2023-06-26】.http://www.moe.gov.cn/jyb_ xwfb/gzdt_gzdt/moe_1485/tnull_27991.html?eqid=cc8f2c6f0000293e000 000066445d19d.

［28］2019 中国生态环境状况公报［R］.北京：中华人民共和国生态环境部，［EB/OL］.2020：39.

［29］李克强.2022 年政府工作报告［EB/OL］.（2022-03-12）【2023-06- 26】.https://baijiahao.baidu.com/s?id=17271978465 40178996&wfr=spide r&for=pc.

［30］栗战书.2022 年全国人民代表大会常务委员会工作报告［EB/OL］.（2022-03-08）【2023-06-26】.https://baijiahao.baidu.com/s?id=1727259 820287027974&wfr=spider&for=pc.

［31］澎湃新闻.黄润秋：第三轮环保督察将紧盯绿色低碳高质量发展等重点任务［EB/OL］.（2023-07-27）【2023-07-27】.https://baijiahao. baidu.com/s?id=17725475708 29300017&wfr= spider&for=pc.

［32］中华人民共和国生态环境部.2018 中国生态环境状况公报［EB/OL］.（2019-05-29）【2023-06-26】.https://www.mee.gov. cn/xxgk2018/xxgk/ xxgk15/201912/t20191231_754139.html.

［33］中华人民共和国生态环境部.2019 中国生态环境状况公报
　　　［EB/OL］.（2020-06-02）【2023-06-26】.https://www.mee.gov.
　　　cn/hjzl/sthjzk/ zghjzkgb/202006/P020200602509464172096.pdf.

［34］中华人民共和国生态环境部.2020 中国生态环境状况公报
　　　［EB/OL］.（2021-05-26）【2023-06-26】.https://www.mee.gov.
　　　cn/hjzl/sthjzk/ zghjzkgb/202105/P020210526572756184785.pdf.

［35］中华人民共和国生态环境部.2021 中国生态环境状况公报
　　　［EB/OL］.（2022-05-27）【2023-06-26】.https://www.mee.gov.
　　　cn/hjzl/sthjzk/ zghjzkgb/202205/P020220608338202870777.pdf.

［36］中华人民共和国生态环境部.2022 中国生态环境状况公报
　　　［EB/OL］.（2023-05-29）【2023-06-26】.https://www.mee.gov.
　　　cn/hjzl/sthjzk/ zghjzkgb/202305/P020230529570623593284.pdf.

［37］中华人民共和国国民经济和社会发展第十四个五年规划和
　　　2035 年远景目标纲要［R］.新华社，2021-03-13.

3.报纸

［38］习近平.高举中国特色社会主义伟大旗帜 为全面建设社会
　　　主义现代化国家而团结奋斗——在中国共产党第二十次全
　　　国代表大会上的报告［N］.求是，2022-11-25（2）.

［39］习近平谈新时代坚持和发展中国特色社会主义的基本方略
　　　［N］.新华网，2017-10-18.

[40]习近平在浙江考察时强调:统筹推进疫情防控和经济社会发展工作奋力实现今年经济社会发展目标任务[N].人民网,2020-04-02.

[41]中国将率先出资15亿元人民币,成立昆明生物多样性基金[N].新浪网,2021-10-12.

[42]张爱茹.十八大以来党中央关于生态文明建设的创新实践[N].中国网,2017-06-16.

[43]央视网.两轮中央生态环保督察共追责问责近万人 切实维护群众权益[N].央视网,2023-07-28.

[44]高敬.推动生态环境保护目标任务落地见效——生态环境部谈全面推进美丽中国建设[N].新华社,2023-07-27.

[45]李红梅.《综合气象观测业务发展"十四五"规划》印发[N].人民日报,2022-12-06(14).